AF816190

Nordrhein-Westfälische Akademie der Wissenschaften

Geisteswissenschaften Vorträge · G 340

Herausgegeben von der
Nordrhein-Westfälischen Akademie der Wissenschaften

NIKOLAUS HIMMELMANN

Sperlonga
Die homerischen Gruppen
und ihre Bildquellen

Westdeutscher Verlag

384. Sitzung am 21. Juni 1995 in Düsseldorf

Die Deutsche Bibliothek – CIP-Einheitsaufnahme

Himmelmann, Nikolaus:
Sperlonga: die homerischen Gruppen und ihre Bildquellen / Nikolaus Himmelmann. – Opladen: Westdt. Verl., 1996
(Vorträge / Nordrhein-Westfälische Akademie der Wissenschaften: Geisteswissenschaften; G 340)
ISBN 978-3-663-05340-8 ISBN 978-3-663-05339-2 (eBook)
DOI 10.1007/978-3-663-05339-2
NE: Nordrhein-Westfälische Akademie der Wissenschaften ‹Düsseldorf›: Vorträge / Geisteswissenschaften

Der Westdeutsche Verlag ist ein Unternehmen der Bertelsmann Fachinformation.

© 1995 by Westdeutscher Verlag GmbH Opladen
Herstellung: Westdeutscher Verlag

ISSN 0944–8810
ISBN 978-3-663-05340-8

Inhalt

Vorwort

In der Zeitschrift Antike Kunst 34, 1991 suchte ich zu zeigen, daß die ‚homerischen' Gruppen von Sperlonga eklektischen Charakter haben und nicht auf Originale hochhellenistischer Zeit zwischen 180–140 v. Chr. zurückgeführt werden können. Der vorliegende Beitrag beschäftigt sich mit Werken hellenistischer Kleinkunst, die bisher als Nachbildungen und damit als Beweis für die Existenz der großplastischen Gruppen vor dem Späthellenismus gelten. Tatsächlich müssen jedoch einige von ihnen beträchtlich früher datiert werden als die hypothetischen Originale, und zwar noch ins 3. Jahrhundert v. Chr. Sie legen deshalb den umgekehrten Vorgang nahe, daß nämlich die ‚homerischen' Gruppen Vorlagen illustrierender Flächenkunst über Zwischenstufen in monumentale Skulptur umsetzten. Die genauere Datierung der Originale ist nicht Gegenstand dieser Arbeit, doch spricht manches dafür, daß es sich bei den Gruppen um eine neue Kunstgattung handelt, die hauptsächlich der Ausstattung römischer Villen und Paläste diente und die erst um bzw. nach 100 v. Chr. größere Bedeutung bekam. Die Blüte der Produktion scheint in der ersten Hälfte des 1. Jahrhunderts v. Chr. bis in caesarische Zeit gelegen zu haben und steht wahrscheinlich in Zusammenhang mit den zahlreichen Bildhauernamen aus dieser Zeit, deren Ruhm noch Plinius geläufig war. Hier eröffnet sich die Möglichkeit, einer noch weitgehend unerforschten Epoche bedeutende Meisterwerke zuzuschreiben.

Infolge einiger Unterbrechungen kam die Arbeit erst in mehreren Anläufen zustande. Die Spuren davon ließen sich nicht sämtlich tilgen. Bei der Vorbereitung bin ich vielfachen Dank schuldig geworden. Insbesondere nenne ich B. Andreae, E. Berger, J. Boardman, H. U. Cain, W. Geominy, A. E. Himmelmann, H. Jung, E. La Rocca, M. Kiderlen, W. Martini, H. Mielsch, L. Musso, A. Scholl, K. Tuchelt, Chr. Vorster, D. Williams, R. Wünsche, P. Zazoff, E. Zwierlein-Diehl.

Kurz vor der Drucklegung erhalte ich durch die Freundlichkeit des Verfassers die Dissertation von Christian Kunze, Skulpturen des hohen und späten Hellenismus, die in einem Anhang auch die Laokoon- und die Skyllagruppe behandelt. Da sie in der vorliegenden Abhandlung nicht mehr berücksichtigt werden konnte, verweise ich auf diese ausgezeichnete Untersuchung, die mehreren Einzelfragen ungleich ausführlicher und genauer nachgeht, als es hier möglich war. Dabei ist der Verfasser zu weitgehend verschiedenen Ergebnissen gelangt, die Grundlage weiterer Diskussion sein werden.

N. Himmelmann

Seit 1957 wurden in einer Höhle südlich des latinischen Küstenstädtchens Sperlonga umfangreiche Skulpturenfunde gemacht, die nicht nur für sich selbst bedeutsam sind, sondern die auch neues Licht auf die Laokoongruppe im Vatikan werfen.[1] Bevor ich auf die Skulpturen selbst zu sprechen komme, muß ich einige Worte über die Landschaft sagen, mit der sie in ungewöhnlicher Weise zusammenhängen. Sperlonga liegt auf einem bergigen Vorsprung an der sagenumwobenen Küste zwischen Terracina und Gaeta: ein typisches mittelalterliches Felsennest, das u. a. der berühmte Korsar Kaisreddin Barbarossa zeitweise als Stützpunkt benutzte. Im Hintergrund erkennt man den Monte Circeo, dessen verwunschene Höhlen mit den Irrfahrten des Odysseus und seinem Aufenthalt bei der Zauberin Kirke zusammengebracht werden. Nach Süden erstreckt sich eine Strandebene, die durch einen weiteren Ausläufer der Aurunkerberge begrenzt wird. An seinem Fuß liegen die Reste einer römischen Villa, die von republikanischer Zeit bis in die Spätantike bewohnt war. In sie ist auch die große Höhle einbezogen, die sich zum Meere hin öffnet und mindestens seit dem 18. Jahrhundert den Namen Grotta di Tiberio trägt (Taf. 1. Zum Problem der Identifikation s. Exkurs I, S. 54f.). Der Grund dafür ist eine Nachricht aus dem Jahre 26 n. Chr., derzufolge Tiberius bei einem Gastmahl in einer solchen Villengrotte von herabrollenden Steinen beinahe erschlagen worden wäre. Als Name des Ortes wird Speluncae, die Höhlen, erwähnt, was auch Sperlonga seinen Namen gegeben hat. Heute sieht man am Eingang der Grotte noch ein sog. Inseltriklinium, das als Lagerplatz für Gastmähler diente. Die Teilnehmer hatten auf der einen Seite das Panorama von Monte Circeo und das Vorgebirge von Sperlonga mit dem alten Städtchen Amyklai – Amynclae vor sich, auf der anderen die mit Figuren ausgestattete Höhle (Textabb. 1).

[1] Antike Plastik XIV (1974) B. Conticello – B. Andreae, Die Skulpturen von Sperlonga. B. Andreae, Odysseus, Archäologie des europäischen Menschenbildes (1982). R. Neudecker, Die Skulpturenausstattung römischer Villen in Italien (1988) 41ff. 220ff. Beilage 3. Nachtrag: Eine umfangreiche Bibliographie jetzt bei B. Andreae, Praetorium Speluncae. Tiberius und Ovid in Sperlonga = Abh. Mainz 1994 nr. 12,5ff (vergl. hier Exkurs VI, S. 66).

Abb. 1: Aufstellung der ‚homerischen' Gruppen in der Villengrotte von Sperlonga

Ich kann hier die Wege und Irrwege nicht nachzeichnen, die zur Aufdeckung und Rekonstruktion der Figurengruppen in der Höhle führten, sondern muß mich darauf beschränken, die gesicherten Ergebnisse kurz zu referieren. Der Kanal, der das Triklinium umzieht, öffnet sich nach innen zu einem kreisrunden Becken, in dessen Mitte Skylla den Steuermann vom Schiff des Odysseus herunterzieht, das an ihrer rechten Flanke vorbeifährt (Taf. 8–9). Die Gruppe, mit einer Grundfläche von 2,90 x 3,00 m ein wahres Marmorgebirge, läßt sich trotz der verwirrenden Fülle von Details aufgrund von Wiedergaben in der Kleinkunst rekonstruieren (Taf. 10–11). In einer Ausbuchtung an der Rückwand der Höhle blenden Odysseus und seine Gefährten den trunkenen Kyklopen Polyphem (Taf. 2). Von dieser Gruppe ist die Figur des Gefährten rechts mit dem Weinschlauch[2] vollständig erhalten, von den übrigen soviel, daß sie – wieder im Anschluß an Darstellungen in der Kleinkunst – weitgehend sicher ergänzt werden können (Taf. 3). Auf dem Vorsprung rechts an der Öffnung des Beckens sieht man Diomedes und Odysseus, die das Athenaidol von Troja, das Palladion, geraubt haben und sich nun auf dem Rückweg ins griechische Lager befinden. Die publizierten Fragmente reichen

[2] Antike Plastik XIV Conticello Taf. 9.1. In der Bochumer Rekonstruktion beträgt die gesamte Breite der Gruppe 6,55m, die Länge des Polyphem 4,50 m (nach freundlicher Auskunft von H. Büsing).

noch nicht aus, um eine genaue Wiederherstellung zu ermöglichen (Taf. 12–13.15). Die Szene ist aber in anderen Medien weit verbreitet, so daß man sich eine ungefähre Vorstellung machen kann (Taf. 14). Allerdings stimmt die Gruppe von Sperlonga mit keiner der vielen erhaltenen Wiedergaben völlig überein. Auf dem Vorsprung gegenüber ist ein homerischer Held zu sehen, der einen nackten Gefallenen vom Schlachtfeld trägt (vergl. Taf. 18–21).

Nach verbreiteter Ansicht wurden die Gruppen von Sperlonga von einem Kaiser des 1. Jahrhunderts n. Chr. in Auftrag gegeben, vielleicht tatsächlich von Tiberius oder einem seiner ersten Nachfolger (vergl. Exkurs S. 54f.). Auf jeden Fall stammen sie aus der gleichen rhodischen Werkstatt, die auch die berühmte Laokoongruppe im Vatikan schuf (Taf. 34). Eine Künstlersignatur auf dem Ruderkasten am Schiff des Odysseus nennt die gleichen rhodischen Bildhauer, die Plinius als die Künstler des Laokoon erwähnt. Diese Verbindung findet in formalen Beobachtungen ihre Bestätigung. Ein beliebig herausgegriffenes Beispiel, der schon einmal erwähnte Weinschlauchträger der Polyphemgruppe, kann das illustrieren. Kennzeichen der Werkstatt ist in beiden Fällen eine gewisse weiche Bildung der Muskulatur mit vielen sinnlosen Dellen und Buckeln, die wie geknetet aussehen und fast an Knorpel erinnern. Allerdings ist der Laokoon sorgfältiger ausgearbeitet, nicht so skizzenhaft wie der andere. Offenbar war er als Kabinettstück für die Aufstellung in einem Prunksaal gedacht, nicht als Staffage einer Naturtheaterkulisse. Die Tatsache, daß er modern geputzt wurde, mag den Unterschied noch größer erscheinen lassen. Stilistische Merkmale machen wahrscheinlich, daß es sich bei ihm um ein jüngeres Werk handelt als die Grottenausstattung.

Seit einigen Jahren sind die Gruppen von Sperlonga und der Laokoon Gegenstand einer lebhaften Kontroverse, die von der Frankfurter Allgemeinen kürzlich gar als archäologischer Glaubenskrieg bezeichnet wurde.[3] Dabei behauptet die eine Partei, die Figuren seien kaiserzeitliche Marmorkopien hochhellenistischer Bronzegruppen aus der Zeit des Pergamonaltars, wobei die einzelnen Gruppen zwischen 180 und 140 v. Chr. datiert werden.[4] Die andere

[3] FAZ vom 27.5.92 Vergl. Verf. in: FAZ Beilage Geisteswissenschaften vom 18. und 25.1.1995 sowie B. Andreae ebendort am 1.2.1995. Außerdem Verf. in: Gymnasium 1996, 32–41 und Nürnberger Blätter zur Archäologie 11, 1995/6 (im Druck).

[4] Die Datierungen bei Andreae in: H.U. Cain – H. Gabelmann – D. Salzmann (Hrsg.) Festschrift für Nikolaus Himmelmann (1989) 241. Zu der seit einigen Jahren in Bewegung geratenen Datierung des Pergamonaltars zuletzt: G. Hübner, Die Applikenkeramik von Pergamon (1993), bes. 44ff. (verteidigt die traditionelle Frühdatierung des Baubeginns um 180 v. Chr.). Wer, wie neuerdings üblich, Großen Fries und Telephosfries in das Jahrzehnt 166 bis 156 v. Chr. datiert und für gleichzeitig hält, muß u. a. erklären, weshalb nur am Telephosfries große Partien unfertig blieben. – Nach einem Bericht von W. Radt haben die jüngsten Grabungen in den Fundamenten des Altars kein keramisches Material erbracht, das eine Spätdatierung des Baus notwen-

hingegen ist der Meinung, daß es sich bei den Vorbildern um deutlich später entstandene Werke handelt, in denen erzählende Darstellungen der Malerei oder der Kleinkunst in Großplastik umgesetzt wurden[5]. Für die Würdigung dieser imposanten Gruppen ist es natürlich ein großer Unterschied, ob man sie als authentische Zeugnisse originaler Schöpfungen des hellenistischen ‚Hochbarocks' ansieht, oder ob man in ihren Vorbildern virtuose Umsetzungen aus einer Kunstgattung in die andere erkennt.

Von der Entscheidung dieser Frage hängt auch die Beurteilung der ursprünglichen Funktion der Figuren ab. In der Höhle von Sperlonga bilden sie eine dekorative Kulisse für fürstliche Gastmähler, die sie mit dem Fluidum der an dieser Küste so lebendigen Odyssee würzen. Ein solcher auf das Stimmungsmäßige zielende Ausstattungsluxus, bei dem eine religiöse Motivation – etwa die Erinnerung an eine Nymphenhöhle – ganz zurücktritt, steht zwar in einer hellenistischen Tradition.[6] Trotzdem wird man großplastische Gruppen von so gewaltigen Ausmaßen im Hellenismus noch vorwiegend als repräsentative Weihgeschenke von Fürsten und Städten in Heiligtümern und auf öffentlichen Plätzen ansehen, wie das für die hypothetischen Originale von Laokoon und Skylla auch vorgeschlagen worden ist.[7] Man hätte in ihnen auto-

dig machen würde. – Die Annahme, die homerischen Gruppen seien Kopien nach früh- und hochhellenistischen Vorbildern, war schon Anfang unseres Jahrhunderts verbreitet. So leiteten z. B. W. Klein und O. Waser die damals bekannten Skyllagruppen von der literarisch überlieferten Bronzegruppe in Konstantinopel ab, die sie wie den Laokoon ‚der jüngeren rhodischen Schule' aus der Zeit des Pergamonaltars zuschrieben (Waser bei Roscher ML. IV, 1909–1915, 1058–1064).

[5] Verf., Antike Kunst 34, 1991, 101 ff. 106 ff. K. Schefold – F. Jung, Die Sagen von den Argonauten, von Theben und Troja in der klassischen und hellenistischen Kunst (1989) 357 ff. S. auch A. Herrmann, Ant. K 18, 1975, 85, die jedoch nicht zwischen der Wirkung der typologischen Tradition allgemein und der eklektischen Verwendung bestimmter „Vorbilder" scheidet (s. u. S. 39). Vergl. auch B. S. Ridgway in: Journal of Roman Archaeology 2, 1989, 171 ff, bes.181. – Die Bewertung der homerischen Gruppen als eklektisch und ihre Herleitung von Werken der Flächenkunst bzw. der Kleinkunst besitzt ebenfalls eine lange Tradition, die mit R. Kekulés bahnbrechender Abhandlung über den Laokoon von 1883 einsetzt (Verf. Ant. K. 34, 1991, 109 ff.). In jüngerer Zeit hat jedoch die Rückführung auf hochhellenistische Originale unter dem Eindruck der Funde von Sperlonga stark an Anhang gewonnen. Die Gegenposition vertraten bisher am konsequentesten Ridgway und Schefold, stilistische Beobachtungen in der gleichen Richtung steuerte F. Hiller zum Laokoon bei (in: Mannheimer Berichte 35, 1989, 29 ff. Vergl. bereits RM 86, 1979, 271 ff). Daß diese Bemühungen wenig Wirkung zeitigten, hängt offenbar mit methodischen Defiziten zusammen. In mehreren Fällen fehlt es noch an genaueren Untersuchungen über die typologischen und chronologischen Verhältnisse. Über den Beginn der neuen Kunstgattung herrscht noch weitgehend Unklarheit. Insbesondere wurde nicht gesehen, daß die bisher immer angenommene unmittelbare Umsetzung von Vorbildern der Flächenkunst in Großplastik sich nicht mit dem eklektischen Charakter der letzteren verträgt (s. u. S. 39 ff). Diese Defizite können auch hier nur zum Teil ausgeglichen werden.

[6] B. Hebert, Schriftquellen zur hellenistischen Kunst (1989) 145 f: Q 300.30l (Symposion des Philadelphos). Neudecker a. O. 6 ff.

[7] Z. B.Andreae – Conticello, Skylla und Charybdis = Abh. Mainz 1984, 14, 36 ff.

nome Kunstwerke zu sehen, mit denen z. T. bedeutende religiöse und politische Aussagen verbunden waren. Die jedenfalls in der bekannten Ansicht Taf. 18 auf den modernen Betrachter so denkmalhaft wirkende Gruppe des homerischen Helden mit dem Gefallenen könnte vielleicht in dieser Tradition stehen, obwohl ihr Original auch erst im 1. Jahrhundert v. Chr. entstand (s. Exkurs IV, S. 60ff.). Anders steht es jedoch mit den drei anderen, die einen ganz unmonumentalen, eher illustrativen Charakter haben. Bei ihnen bzw. ihren Vorbildern handelt es sich nach der zweiten Auffassung um Erzeugnisse einer Marmorindustrie, die römischen Villenbesitzern mythologische Kulissen für ihre Gastmähler zur Verfügung stellte. Ihre Verbindung mit bestimmten Texten und Werken illustrierender Kleinkunst stellen sie in deutlichen Gegensatz zu großplastischen mythologischen Gruppen älterer Zeit, die es – wie z. B. die klassische Athena-Marsyas-Gruppe der Akropolis, aber auch noch die hellenistische Marsyasgruppe – nur mit dem Rohstoff des Mythos und sozusagen seiner Essenz zu tun hatten.[8]

Die Argumente in dieser Auseinandersetzung bewegen sich auf verschiedenen Ebenen, im Stilistischen, im Technischen und im Ikonographischen. Ich muß mich im folgenden auf ein einziges Problem konzentrieren, nämlich ob es bildliche Zeugnisse gibt, die, wie immer wieder behauptet wird, die Existenz solcher Gruppen bereits für die hochhellenistische Zeit beweisen.[9] Zu der weitergehenden Frage, wann die Originale der Gruppen nun wirklich entstanden sind, werden wir einige Vermutungen äußern, aber sie ist nicht Gegenstand des Vortrags.

Ich beginne mit der Gruppe des homerischen Helden, der seinen toten Kameraden vom Schlachtfeld trägt und dabei heroisch in die Ferne blickt (Taf. 18–21). In Sperlonga ist sie nur durch einige Fragmente bezeugt, die aber keinen Zeifel daran lassen, daß es sich um einen alten Bekannten handelt. Es ist der in mehreren maßgleichen Kopien meist aus Rom und Umgebung erhaltene sog. Pasquino, von dem das vollständigste Exemplar in der Loggia dei Lanzi in Florenz steht.[10] Die Deutung der Gruppe ist umstritten, doch spricht trotz einiger Schwierigkeiten manches dafür, daß es sich um Aias, den Schirm der Achäer, handelt, der den gefallenen Achill in Sicherheit bringt.[11] So schildert es

[8] G. Lippold, Die griechische Plastik (1950) Taf. 49, 3–4, 112, 3–4

[9] Vergl. Anm. 21, 23, 29, 55, 88, S. 58.

[10] Antike Plastik a. O. Conticello Taf. 34–36. Andreae Taf. 64–68

[11] U. Hausmann, AM. 99, 1984, 291ff. R. Wünsche, MüJb. 3. F. 42, 1991, 7ff. Das Richtige mit der entscheidenden Begründung steht schon bei C. Robert, Archäologische Hermeneutik (1919), 40f. Die rauhe Oberfläche am Oberschenkel des Toten, die Andreae veranlaßte, einen Panzer aus Bronze anzunehmen, wird von Wünsche a. O. 37 Anm. 61 mit Verwitterung erklärt. S. den Exkurs IV hier S. 60. Beide Figuren mit Panzer zeigt eine Berliner Gemme (hier Taf. 23e), die allerdings die Komposition verändert und deshalb nicht mit Sicherheit auf den Pasquino bezogen werden kann.

ein kleiner Bronzebeschlag der späteren Kaiserzeit, auf dem wir den Typus im Zusammenhang einer Szenenfolge aus dem Leben Achills finden, wodurch die Deutung gesichert wird (Taf. 22b).

Für Sperlonga hat man diese Deutung allerdings abgelehnt und aus dem Zusammenhang der angeblichen ‚Odyssee in Marmor' heraus ein weiteres Odysseusabenteuer gefordert.[12] Demnach würde Odysseus den Leichnam Achills bergen. Schützenhilfe für diese Benennung liefert scheinbar Ovid, in dessen Metamorphosen tatsächlich Odysseus den Toten vom Schlachtfeld trägt. Allerdings ist es an der Stelle der notorisch verschlagene Odysseus selbst, der diese Behauptung aufstellt (XIII 280ff.). Er tut das anläßlich des Waffenstreits in einem Plädoyer, bei dem er schon zu Beginn falsche Tränen vergießt und das auch sonst von Halbwahrheiten und Verdrehungen nur so strotzt. Es spricht für seine Fähigkeiten, daß er mit seinen Märchen noch Archäologen des 20. Jahrhunderts hinters Licht führen konnte. Der Einwand, daß die Rettung des Leichnams durch Aias bei der allerdings aufs Äußerste verkürzten Schilderung von Achills Tod und in der Rede des Aias selbst nicht vorkommt, ist sicherlich berechtigt, bleibt aber ein *argumentum ex silentio.* Wahrscheinlich nahm Ovid diese Härte in Kauf, um die Plausibilität von Odysseus' Täuschung für die Hörer zu erhöhen. Das Schweigen des Aias bliebe in jedem Falle rätselhaft, denn hätte nicht er das größere Verdienst bei der Bergung des Achilleus, dann verlöre auch die Geschichte von seiner Verblendung und seinem Selbstmord, d. h. ein Kernstück des Aiasmythos, ihren Sinn.

Die Verdrehungskunst des Odysseus besteht darin, daß er die Taten der größten Helden mit der Begründung für sich in Anspruch nimmt, er habe sie überhaupt erst ermöglicht. Nicht Achill, sondern *er* war es in Wirklichkeit, der Telephos schlug, denn erst durch seine List wurde Achill veranlaßt, an dem Feldzug teilzunehmen. Im gleichen Sinne hat nicht Achill, sondern er, Odysseus, Lesbos erobert und Hektor getötet. Nicht Diomedes, sondern Odysseus erschlägt Rhesos und seine Gefährten. Im Laufe des Plädoyers geht diese Rabulistik dann in blanke und überzogene Lüge über: *Er* hat Leichnam und Rüstung Achills zugleich auf eigenen Schultern getragen – nach der Überlieferung konnte selbst der starke Aias nur den Toten tragen, während andere die Waffen zu den Schiffen brachten und Odysseus die Feinde abwehrte. Gegen Ende behauptet er noch, das Palladion aus dem Athenatempel geraubt und durch die

12 Andreae, Odysseus a. O. 161ff. mit nicht nachvollziehbarer Argumentation (wenn der Leichnam Achill darstellt, muß der Tragende natürlich Aias sein wie auf der Tensa Capitolina, auf der Odysseus hinter der Gruppe herläuft). Vergl. Verf., Antike Kunst 34, 1991, 102 Anm. 38. Nach Andreae, Ovid und die Grotte des Tiberius in Sperlonga, in: Jahrbuch der Bayer. Akad. d. Schönen Künste 7, 1993, 43ff., ist das Bildprogramm der Höhle von Ovid abhängig.

Feinde getragen zu haben, was nun allerdings das protestierende Murren der Zuhörer hervorruft. Das Ganze gipfelt schließlich in der Behauptung, er habe Troia genommen, weil er es möglich gemacht.[13] Aus all diesen Verdrehungen und Lügen jeweils unabhängige Sagenüberlieferungen machen zu wollen, wäre absurd. Die Idee, Odysseus den gefallenen Achill tragen zu lassen, war übrigens für Ovid nicht einmal neu, denn schon Sophokles hatte ihm in einer Lügenrede die Rettung des Leichnams in den Mund gelegt (Philoktet 373). Es ist unbestritten, daß Odysseus bei den Römern als einer ihrer mythischen Ahnherrn und stoisches *exemplar* besondere Sympathie und Respekt genoß (Bömer zu XIII 354.712), aber dadurch wurde er nicht zum Ausbund an Wahrheitsliebe. Ovid selbst bezeichnet ihn im gleichen Buch der Metamorphosen mit einem stehenden Beiwort als *fallax,* trügerisch (XIII 712). Juvenal, der Ovid gut kannte, malt später aus, wie sehr Odysseus sich in den Waffen Achills lächerlich machen würde (11,30 f). Übrigens hätte kein antiker Betrachter die Figur des Helden in Sperlonga als Odysseus erkennen können, da der korinthische Prunkhelm in keine Odysseusikonographie paßt. Ganz abgesehen davon, daß der Bildhauer mit dem hünenhaften Körper natürlich den ‚gewaltigen' (πελώριος) Aias kennzeichnen wollte, nicht den wendigen Odysseus. So einfach lassen sich antike Figuren nicht umbenennen.

Die scheinbare Abhängigkeit der Gruppe von Ovid war Anlaß, eine noch weitergehende Hypothese aufzustellen. Danach bilden die Skulpturen von Sperlonga ein Bildprogramm, zu dem Kaiser Tiberius von Homer, vor allem aber von Ovid inspiriert wurde.[14] Die Übereinstimmungen, die man dafür geltend gemacht hat, sind aber zu allgemein, um eine spezielle Verbindung herzustellen. Das gilt auch für den neuerdings in diesen Zusammenhang einbezogenen Ganymed über der Grotte, der von anderen allerdings als spätere Zufügung angesehen wird (Taf. 38). Im Falle des Palladionraubs widerspricht die Gruppe in Sperlonga sogar der Darstellung der Metamorphosen, wo Odysseus im gleichen Lügenplädoyer behauptet, das Idol durch die Feinde getragen zu haben (XIII 345). Das Blendungsabenteuer wird von Ovid in den Metamorphosen überhaupt nicht erzählt (s. Exkurs VI, S. 66).

Die größten Bedenken gegen den Vorschlag ergeben sich aber aus dem zeitgeschichtlichen Hintergrund. Im Jahre 8 n. Chr. verbannte Augustus den un-

[13] Ähnlich versteht die Rede des Odysseus F. Bömer in seinem Ovid-Kommentar zu Buch XIII Vers 172: ‚Wie er hier die Taten des Achilleus beansprucht, nimmt er später mit ähnlicher Rabulistik die Taten des Aias und sogar die Eroberung Troias für sich in Anspruch' (a. O. S. 249). – Zu *fallax* als Beiwort des Odysseus vergl. Bömer a. O. zu XIII 712 und J. D. Ellsworth in: Mnemosyne 41, 1988, 336, 9 (betont die negative Bedeutung bei *fallax* und πολύτροπος, erinnert an Platos Charakterisierung des Odysseus als πολύτροπός τε και ψευδής im Hippias minor 365 b).

[14] Andreae 1993 (Anm. 12).

glücklichen Dichter, der noch mit der Überarbeitung der Metamorphosen beschäftigt war, ohne Gerichtsverfahren in ein halb barbarisches Städtchen am Schwarzen Meer. Die Gründe sind nur in Umrissen durch Ovid selbst bekannt; sie hängen mit seinen erotischen Dichtungen und mit kompromittierenden Ereignissen im Hause des Kaisers zusammen. Wer behauptet, Tiberius habe Sperlonga nach Vorstellungen ausgestattet, die Ovid in den Metamorphosen entwickelte, muß sich mit folgenden Daten auseinandersetzen: Die Planung hätte der spätere Kaiser frühestens 2 n. Chr. in Angriff nehmen können, als er aus langjährigem Exil nach Italien zurückkehrte. Damals hatte Ovid sein gewaltiges Gedicht noch kaum begonnen, und es war immer noch nicht offiziell veröffentlicht, als er im Jahre 8 n. Chr. in die Verbannung ging. Ein Einfluß der Metamorphosen auf das ‚Programm' ist also bestenfalls in den letzten zwei, drei Jahren vor diesem Datum denkbar, Jahre, in denen Tiberius praktisch ununterbrochen Feldzüge führte, und zwar ‚in dem schwersten Krieg, den die Römer seit Hannibals Tagen durchkämpfen mußten'. Möglich wäre die Annahme auch nur unter der Voraussetzung, daß beide Männer engstens befreundet waren, denn sonst hätte Tiberius ja von dem unvollendeten Werk keine Kenntnis haben können: eine romanhafte Vorstellung, von der keine historische Quelle etwas weiß. Sie wird nicht wahrscheinlicher durch die unbewiesene Behauptung, der spätere Kaiser habe in Sperlonga ausgerechnet die inkriminierte *ars amatoria* Ovids zitiert.[15] Geradezu makaber wird sie, wenn man bedenkt, daß Tiberius ihn auch nach seinem Regierungsantritt 14 n. Chr. nicht begnadigte, obwohl die erschütternden Gedichte, mit denen der Verbannte seine Heimkehr erflehte, in Rom überall bekannt waren. Die These, Tiberius habe trotz seiner Sympathie für den Dichter den Willen des Augustus aus Staatsraison vollziehen müssen, wird von Ovid selbst widerlegt, der in einem dieser letzten Briefe vom Zorn des Tiberius spricht (ep. ex Ponto IV 9,52).[16] Auch hätte er sich nicht nur an Germanicus, sondern an den Kaiser direkt gewandt, statt nur zu äußern, daß seine Klagen diesem einmal zu Ohren kommen würden. Als Augustus noch lebte, hatte er Tristia II inständig an diesen selbst gerichtet und ihn an die Aufzüge der Ritter erinnert, bei denen er vor dem musternden Kaiser vorbeigeritten war.

Tatsächlich besteht kein Anlaß, hinter der Ausstattung der Höhle von Sperlonga eine ungewöhnliche, durch das Zusammenwirken eines Kaisers mit einem Dichter entstandene Programmatik zu vermuten. Das ‚Programm' ent-

15 Andreae (Anm. 12). Vergl. hier S. 66.

16 Tacitus Annalen III 24 berichtet den Fall des Decimus Silanus, der unter Augustus ins Exil geht, nach dessen Tod jedoch von Kaiser und Senat begnadigt wird. Tiberius verstand es dabei, dies nicht als Verletzung der Loyalität gegenüber Augustus erscheinen zu lassen.

spricht vielmehr völlig der Thematik, die Vitruv 7,5.20 als üblich für die Ausmalung von offenen Räumen angibt: *deorum simulacra seu fabularum dispositas explicationes, non minus troianas pugnas seu Ulixis errationes per topia.* Für Sperlonga kommt hinzu, daß mehrere Abenteuer des Odysseus an der Küste von Latium und Kampanien lokalisiert wurden. Die Polyphemepisode ist ein naheliegendes Thema für Villengrotten.[17] Überlebensgroße Marmorfiguren des Odysseus und anderer homerischer Helden, die offensichtlich zum Schmuck von Villen und Palästen dienen sollten, finden sich bereits in dem mehr als zwei Generationen älteren Schiffsfund von Antikythera.[18] Sie widerlegen übrigens auch das Vorurteil, daß solche Gruppen von überlebensgroßem Format ein Privileg kaiserlicher Villen gewesen seien. Schließlich sind auch Ganymedfiguren in Villen anzutreffen (Taf. 38–39).[19]

In einem so sehr von Rhetorik und Literatur bestimmten Zeitalter kann es nicht verwundern, wenn einzelne Besitzer mit literarischen Vorstellungen an die Ausstattung ihrer Villa herangehen. So läßt sich Cicero von seinem Freunde Gedichte und Erzählungen über Amaltheia schicken, um Anregungen für die Ausschmückung eines entsprechenden Nymphenheiligtums auf seinem Gute bei Arpinum zu bekommen (ad Att. I 16,17). Leider ist nicht bekannt, von welcher Art diese war (daß es sich um Malerei gehandelt habe, wird nur vermutet). Bei der Aufstellung von Plastik – Hermen, Statuen, Gruppen – kann der Spielraum nicht sehr groß gewesen sein. Da der Besitzer in der Regel auf Kopien aus dem Repertoire zurückgreifen mußte, wird seine Mitwirkung in solchen Fällen auf ein mehr oder weniger plakatives ‚Programm' beschränkt gewesen sein. Das gilt selbst für einen so gebildeten Villenliebhaber wie Cicero, der bei seinen Wünschen lediglich die Namen der Götter nennt, die er vertreten sehen möchte, ja der sogar Statuen, Reliefs und reliefierte Puteale bestellt, ohne das Sujet zu bezeichnen (dann allerdings enttäuscht ist, wenn der Händler seinen Geschmack nicht trifft). Neue Themen für Großplastik wurden wohl nur in Ausnahmefällen in Auftrag gegeben, ebenso kolossale Versionen von kleinformatigen Vorbildern. Das wird am ehesten bei kaiserlichen Villen und Palästen so gewesen sein, und es wäre denkbar, daß die Laokoongruppe und die Skylla von Sperlonga auf diesem Hintergrund entstanden sind.

Kehren wir zur archäologischen Problematik der Aiasgruppe zurück. Die stilistischen Datierungen schwanken zwischen dem späteren 3. Jahrhundert v. Chr. und dem frühen 1. Jahrhundert v. Chr. Man hat deshalb diese Frage mit Hilfe von Darstellungen auf Gemmen zu entscheiden gesucht, von denen Bei-

[17] Zu Vorläufern aus Terrakotta s. u. S. 35.

[18] s. u. S. 35.71. Zur Überlebensgröße Anm. 71.

[19] Neudecker a. O. (Anm. 1) 46f und Kat. nrn. 52.2; 62.5 (hier Taf. 38, 39).

spiele aus dem 1. Jahrhundert v. Chr. und der frühen Kaiserzeit mit unserer Gruppe tatsächlich Zug um Zug übereinstimmen (Taf. 23 c.d).[20] Inhaltlich entsprechende Bilder gibt es aber bereits im 2. Jahrhundert v. Chr. und begreiflicherweise werden sie von den Vertretern der früheren Datierungen als Beweis für die Existenz der Gruppe schon im Hochhellenismus geltend gemacht. Allerdings weisen sie soviele abweichende Züge auf, daß die Abhängigkeit vom Pasquino erst noch nachgewiesen werden müßte. Auf dem Berliner Chalzedon[21] erinnert der stehende Held zwar an den Aias der Gruppe, aber die Figuren wenden sich in verschiedene Richtungen und der Gefallene trägt einen Helm (Taf. 23 a). Auf einer Paste ebenfalls in Berlin ist es umgekehrt der Gefallene, der sich mit dem Achill vergleichen läßt, während der Bergende ebenso wie die ganze Komposition mit dem Pasquino nichts gemein haben (Taf. 23 b).

Wer die Gemmen trotzdem auf die plastische Gruppe bezieht, muß annehmen, daß jeweils nur eine Figur herausgelöst wurde, um sie in einer anderen Komposition zu verwenden. Tatsächlich besteht aber kein Grund, nach einem Vorbild außerhalb der Glyptik zu suchen, vielmehr handelt es sich um Typen, die in der Gattung selbst tradiert werden.[22] So läßt sich die Berliner Paste nicht von einer offensichtlich etwas früheren in Wien trennen, auf der die gleichen

[20] A. Nitsche AA. 1981, 76 ff. E. Zwierlein-Diehl, Glaspasten im Martin von Wagner-Museum der Universität Würzburg I (1986) 160 zu nr. 354. B. Schweitzer, Das Original der sog. Pasquino-Gruppe Abh. Ak Leipzig 43 nr. 4, 1936, 7ff. Abb. 19. Taf. 23 c = AGD II nr. 529, Taf. 23 d = Zwierlein, Glaspasten Würzburg I nr. 354 (ein anderer Abdruck der gleichen Gemme Schweitzer a. O. 19d).

[21] Nitsche a. O. Abb. 2, die Paste a. O. Abb. 3. R. Wünsche in: MüJb. 3. F. 42, 1991, 34 sieht in dem Chalzedon eine Bestätigung für die Datierung des Pasquino in die 1. Hälfte des 2. Jahrhunderts v. Chr. Martini (folg. Anm.) 125 zu seiner Taf. 21,1 datiert den Berliner Chalzedon noch in das letzte Viertel des 3. Jahrhunderts, was m. E. gut möglich ist.

[22] Vergl. W. Martini, Die etruskische Ringsteinglyptik 82 Anm. 246 a = 28. Erg-H. RM. Zwierlein-Diehl a. O. und K. Kell, Formuntersuchungen zu spät- und nachhellenistischen Gruppen (1988) 89f. Der bekannte Londoner Skarabäus P. Zazoff, Etruskische Skarabäen (1968) nr. 48 Taf. 15, hier Taf. 23f, zeigt zahlreiche Ungereimtheiten, doch wurde seine Echtheit bisher nicht angezweifelt (die Anstöße nennt G. Platz, Statuen auf Gemmen, 1970,12. Vergl. jetzt auch R. Glynn in: The Oxford Journal of Archaeology l, 1982, 169ff. mit Datierung ins „3. Jh. oder später"). Das Stück scheint ikonographisch allein zu stehen (so Nitsche a. O. 80). Andere Gemmen zeigen jedoch, wie in inhaltlich verschiedenen Darstellungen (Achill und Penthesilea, Jünglingsopfer, unbenannte Helfergruppen) entsprechende Einzelmotive und charakteristische Zusammenstellungen immer wiederkehren. Vergl. z. B. Furtwängler, Die antiken Gemmen I (1900) Taf. 20 nr. 24 (vergl. nr. 23); 21 nr. 49. nr. 51; 23 nr. 2ff. nr. 33ff. Es liegt also kein Zwang vor, die Darstellung des Chalzedons als Reflex der Pasquinogruppe aufzufassen; sie muß vielmehr als Aktualisierung eines traditionellen Typus in der Glyptik verstanden werden. In diesem Falle benutzte der Pasquino eine flächige Vorlage und nicht umgekehrt. Bei der wahrscheinlichen Datierung der Gruppe ins frühe 1. Jahrhundert v. Chr. ist dieser Schluß sogar unausweichlich. Vergl. auch A. Herrman, Antike Kunst 18, 1975, 85,1.

Figuren anders gruppiert sind und der Gefallene einen Panzer trägt (AG Wien II Nr. 732). Wenn ein von den Fachleuten bisher nie angezweifelter, allerdings in seiner Datierung umstrittener Skarabäus in London wirklich authentisch ist, so hätte die Gruppe des Berliner Chalzedons einen möglicherweise schon sehr viel älteren typologischen Vorläufer (Taf. 23 f). Die Berliner Gemmen sind also nichts anderes als Aktualisierungen traditioneller Typen in der Glyptik selbst. Theoretisch ist demnach eine Umkehrung der referierten Meinung möglich: Der Pasquino setzt eine ältere Tradition der Flächenkunst in Plastik um, wobei es sich allerdings kaum um Gemmen, sondern um große Malerei gehandelt haben wird. Die Frage braucht an dieser Stelle noch nicht entschieden zu werden, doch bleibt festzuhalten, daß zwischen den nachhellenistischen und den hellenistischen Wiedergaben der Figurengruppe ein auffälliger Unterschied besteht: Erstere stimmen mit der überlieferten Skulptur engstens überein, letztere haben nur einzelne Motive mit ihr gemeinsam.[23] Man mag dies mit der Sehweise des 2. Jahrhunderts erklären, die ihre Gegenstände noch nicht allgemein mit den Augen des Kopisten wahrnimmt, doch dürfte es unter diesen Umständen schwierig werden, die Abhängigkeit überhaupt nachzuweisen.

Wir lassen die damit verknüpften Fragen offen und wenden uns der nächsten Gruppe von Sperlonga zu, der Blendung des Polyphem (Taf. 2). Auch dieses riesige Werk hat erstaunlich enge Beziehungen zur Flächenkunst, ja es ließ

[23] Inzwischen hat R. Wünsche in: Mü Jb. 3. F. 42, 1991, 7ff. wichtige Beobachtungen zum Pasquino vorgelegt und insbesondere die Deutung auf Aias und Achill weiter gesichert. Bedenken erregt seine Datierung in die erste Hälfte des 2. Jahrhunderts, bei der er eine wesentliche Schwierigkeit allerdings selbst nicht verkennt (a. O. 33f). Die von Wünsche begründete Rekonstruktion des linken Armes bei dem Gefallenen ändert die Struktur der Gruppe nicht so tiefgreifend, daß sie deshalb die Spätdatierung unmöglich machte. Das Gegenteil ist der Fall: Sollte der Arm wirklich nach links schleifen, so verlöre die Gruppe ihr Gleichgewicht und erhielte eine ganz einseitige Bewegungsrichtung nach rechts, was sie mehr erzählenden Darstellungen der Flächenkunst verwandt erscheinen ließe als axial gebundenen Bildungen der Großplastik. Auch so bekommt sie keine Ähnlichkeit mit den sperrig und spannungsvoll verstrebten hochhellenistischen Gruppen, vielmehr passen die mit übersichtlichen Konturen entwickelten Körper wie ein plastisches Puzzle spannungslos ineinander (s. den Exkurs IV, hier S. 60). Übrigens ist die Rekonstruktion des linken Arms aufgrund der disproportionierten Miniaturkopie nicht gesichert. Bis auf eine Ausnahme zeigen die Gemmen alle den senkrecht herabhängenden Arm. Die abweichende Darstellung Richter, Gems II Abb. 302 ist durch das Querformat des Bildes bedingt. Die Hand auf dem Plinthenfragment der Replik Sperlonga kann kaum einen so weit nach links schleifenden Arm bezeugen wie bei der Statuette, vergl. AP XIV Conticello Abb. 32–33 und die Aufnahmen Inst. Neg. Rom 65,1933 und 65,1937. Der Platz des Fragments auf der Plinthe ist ganz unsicher. – Daß der Hinweis auf den Berliner Chalzedon keine Entscheidung über die Datierung bringen kann (anders Wünsche a. O. 34), versuche ich hier zu zeigen (vergl. auch die Einwände von Zwierlein-Diehl und Kell Anm. 22). Wünsches Beobachtung, daß der Kopf des Pasquino gegenüber hochhellenistischen Werken ‚weniger streng gebaut und stärker harmonisiert wirkt', gilt sinngemäß auch für die Körper, die alle Anzeichen des Klassizismus tragen.

sich geradezu bis ins Detail nach einem Relief in Catania rekonstruieren (Taf. 3).[24] Dem trunken zurückgesunkenen Kyklopen rücken zwei Griechen mit dem an der Spitze glühend gemachten Pfahl zuleibe, den Odysseus im Zenit der Komposition in das Auge des Kyklopen lenkt. Rechts stürzt erschrocken der Gefährte mit dem leeren Weinschlauch fort.[25] Das sieht so sehr nach einer originären Flächenkomposition aus, daß vor dem Fund von Sperlonga niemand auf den Gedanken kam, es könne sich bei dem Relief um die Nachbildung einer großplastischen Gruppe handeln. Eine solche hat es aber nicht nur in Sperlonga gegeben, vielmehr bezeugt eine Replik vom Kopf des Weinschlauchträgers in London (Taf. 7a) eine weitere Wiederholung.[26] Sie ist stilistisch später und geht kaum auf Sperlonga, sondern fast sicher auf eine dritte, also ein gemeinsames Vorbild zurück. Wie im Falle des Pasquino legt auch hier die Tatsache maßgleicher Repliken aus verschiedenen Epochen den Gedanken nahe, in dem Vorbild eine plastische Schöpfung aus einer Glanzzeit griechischer Kunst zu erkennen.

Sucht man dieses Meisterwerk in die ikonographische Tradition einzuordnen, so stößt dies jedoch auf merkwürdige Schwierigkeiten. Die Figuren des ausschreitenden Odysseus in Chiton und Mantel mit vorgestreckten Armen und des fortstürmenden Weinschlauchträgers begegnen leicht variiert, aber typologisch übereinstimmend in einer etwas kleineren und flüchtiger gearbeiteten Gruppe aus Baiae, die man deshalb auf den ersten Blick für eine weitere Kopie halten könnte (Taf. 4).[27] Die Attribute zeigen jedoch, daß es sich um eine vorausgehende Szene der Erzählung handelt: Odysseus hält dem Kyklopen den Becher entgegen, mit dem er ihn trunken machen will, und der Wein-

[24] Antike Plastik XIV Andreae 64ff. Taf. 59 Textabb. 13–15. Andreae a. O. 68f sucht nachzuweisen, daß das Relief eine plastische Gruppe als Vorlage benutzt. – Die verbreitete Annahme, es handele sich um die Nebenseite eines Sarkophags, ist aus technisch-stilistischen Gründen unwahrscheinlich. – Vorbilder aus der Großplastik werden in erzählenden Reliefs z. B. auf Sarkophagen durchaus verwendet (Marsyas, Niobiden, sterbender Gallier u. a.), aber nur im gleichen Sinne, in dem auch bedeutende Figuren der Tafelmalerei in die kontinuierende Erzählung aufgenommen werden (vergl. Verf. Winckelmanns Hermeneutik = Abh. Mainz 1971 nr. 12, 11,2 und Abh. Mainz 1967, 2, 95, 2).

[25] Statt der unübersichtlichen Ansicht dieser Figur von ganz links in der Rekonstruktion AP XIV Conticello T. 23 muß eine mehr reliefmäßige Aufstellung wie a. O. T. 9 gewählt werden, bei der die Konturen wie bei dem Gefährten am Ende des Pfahls links überschaubar sind. Anders Andreae, Odysseus a. O. 144ff. Nachtrag: Das Richtige hat schon H. Sichtermann RM. 86, 1979, 371ff. mit schlagenden Gründen ausgeführt (Hinweis Chr. Kunze). Der Beweis wäre noch einfacher gewesen, wenn Sichtermann nicht die gänzlich unwahrscheinliche Annahme übernommen hätte, das Relief von Catania ginge auf das Original der Gruppe von Sperlonga zurück.

[26] a. O. Textabb. 5–12.

[27] (Edizione Banca Sannitica), Baia. Il ninfeo imperiale sommerso di Punta Epitaffio (o.J.). Abb. 81ff.

schlauch des Gefährten ist deshalb auch noch gefüllt. Da der Odysseus in Sperlonga auf der Vorderseite stark ergänzt ist, könnte man bestreiten wollen, daß es sich um die gleiche Figur handelt. Ein Blick auf die besser erhaltenen Rückseiten lehrt jedoch trotz des Größenunterschiedes und der viel gröberen Arbeit der Figur aus Baiae, daß dies zweifellos der Fall ist (beim Odysseus Sperlonga liegt der senkrechte Mantelsaum weiter rechts, das Grundschema ist jedoch das gleiche).[28] Es führt also kein Weg daran vorbei, daß Figuren der Polyphemgruppe in Sperlonga auch für die Darstellung einer vorausgehenden Episode verwendet wurden. Das erinnert an das Verfahren eklektischer Werkstätten, die Figurentypen der älteren Tradition aus ihren ursprünglichen Zusammenhängen lösen, um sie als Versatzstücke in neue Kompositionen einzufügen. Einmal aufmerksam geworden, stellt man fest, daß die Gruppe in Sperlonga selbst schon ein Merkmal in dieser Richtung aufweist: Bei näherem Zusehen ergibt sich nämlich, daß die Gefährten, die merkwürdigerweise ohne Unterschied nackt sind, mit nur leichten Variationen alle drei in der gleichen Haltung agieren, obwohl die rechte Figur in einer anderen Handlung gezeigt ist als die beiden linken. Dieser Schematismus fällt nur im Zusammenhang der Gruppierung nicht sofort auf. Offenbar findet er sich auch in den Köpfen wieder, die den Figuren teils sicher, teils wahrscheinlich zugehören: Im 19. Jahrhundert hielt man sie bezeichnenderweise für Wiederholungen des gleichen Vorbildes. Angesichts der schon von dem oder den Schöpfern der Originale gezeigten handwerklichen Virtuosität wäre es aber sicher verfehlt, ihr eklektisches Verfahren als Symptom künstlerischen Verfalls zu betrachten. Im Gegenteil wird man darin eine bewußt kultivierte Ausdrucksform der Zeit erkennen müssen (s. u.).

Wer trotzdem die Annahme einer hochhellenistischen Originalschöpfung aufrechterhalten will, könnte der monumentalen und qualitätvollen Gruppe in Sperlonga die Priorität zusprechen, so daß allein die Gruppe der Weinreichung als abgeleitet und eklektisch aufzufassen wäre. Dieser Ausweg wird jedoch durch einen längst bekannten Klinenbeschlag versperrt, ein 28 cm langes Bronzerelief, das das Kopfende eines Bettes verkleidete (Taf. 5).[29] Dieses Re-

[28] Vergl. a. O. Abb. 83 mit Antike Plastik XIV Conticello Taf. 18. Die übereinstimmende Anlage ist noch deutlicher erkennbar auf der Institutsaufnahme 69.1927, die weiter von rechts genommen ist. In der bekannten Rekonstruktion Andreae, Odysseus a. O. 147 ist denn auch der Odysseus der Blendungsgruppe mit der gleichen Gewanddrapierung ausgestattet wie in der Figur von Baiae.

[29] Zuletzt S. Faust, Fulcra = 30. Erg. H. RM (1989) Taf. 2,2 Kat. nr. 456. Die wohl begründete Datierung ins 3. Jahrhundert z. B. bei A. Greifenhagen in: RM. 45, 1930, 146 nr. 63, 147. 149 Taf. 43b. Faust a. O. 36 beachtet weder den typologischen noch den stilistischen Befund, sondern datiert das *fulcrum* wegen der Darstellung im Anschluß an das ‚berühmte Vorbild', d.h. die hypothetische hochhellenistische Polyphemgruppe, ‚nicht vor dem zweiten Viertel des 2. Jhs. v. Chr.'

lief muß aus typologischen und auch aus stilistischen Gründen deutlich vor dem hypothetischen Bronzeoriginal von 180 v. Chr., nämlich im späten 3. Jahrhundert v. Chr. entstanden sein, was man früher immer schon gesehen hatte. Wie ein äußerlich vor 168 v. Chr. datierter Beschlag aus Pella beweist, war diese Form schon im frühen 2. Jahrhundert v. Chr. durch einen anderen Typus abgelöst worden, bei dem ein abgesetzter Rahmen den Mittelteil des Blechs umzieht.[30] Der ältere Beschlag nun zeigt bereits die beiden Protagonisten von Sperlonga, den ausschreitenden Odysseus mit vorgestreckten Armen und den zurückgelehnten Polyphem in zwei typologisch übereinstimmenden Figuren, und zwar nicht bei der Blendung, sondern bei der Weinreichung. Das könnte auf die Annahme führen, unsere Figuren seien für diese Szene erfunden und erst sekundär für die Blendung wiederverwendet worden. Wahrscheinlicher ist es aber, daß dem Verfertiger des *fulcrum* schon von beiden Episoden bildliche Fassungen vorlagen. Nur so ist es zu erklären, daß er – offenbar unter dem Zwang des Formats – einen gelagerten und zusammengesunkenen Polyphem wählte, wie er zur Blendung paßt, nicht aber einen aufgerichtet sitzenden, wie ihn die Weinreichung erwarten ließe. Er kontaminierte also Figuren aus zwei bereits vorhandenen Szenen einer fortlaufenden Folge. Sollte sich dieser Eindruck bestätigen, so ginge daraus hervor, daß die ganze Ikonographie nicht im Bereich der Großplastik, sondern in einer Gattung illustrierender Flächenkunst zu Hause ist. Man denkt unwillkürlich an die sog. homerischen Becher, deren Anfänge ebenfalls im späten 3. Jahrhundert liegen.[31] Für die Frage des unmittelbaren Vorbildes ist damit allerdings kaum etwas gewonnen. In der Buchillustration, die hinter den homerischen Bechern steht, wird man es keinesfalls suchen, denn bei ihr handelt es sich um eine abgeleitete Gattung, die ihre Figurentypen großenteils aus der großen Malerei und Plastik entnimmt. Zusammenhängend erzählende Bilderfolgen gab es jedoch auch in größeren Formaten, wie der erhaltene Telephosfries lehrt. Gerade

(vergl. B. Barr-Sharrar, The Hellenistic and Early Imperial Decorative Bust (1987) 165 (typologisch früh, aber wegen Darstellung wohl spät anzusetzen). Das zusätzliche Argument Fausts, ein mitgefundenes Klinenbein verlange einen Ansatz ins 2. Jahrhundert, ist völlig unverbindlich: Die Zugehörigkeit des Stückes ist nicht gesichert, die Darstellung auf einer etruskischen Terrakottaurne kann nicht für Proportionen originaler Möbelteile maßgebend sein. Das Polyphemfulcrum schließt mit seinen sperrigen Formen deutlich an das sicher ins 3. Jahrhundert gehörende *fulcrum* in London Faust a. O. Taf. 2, l. Kat. 170 an.

[30] Faust a. O. Taf. 62 Kat. nr. 16. Faust a. O. 148 setzt sich mit einem unzureichenden Argument über den Ausgrabungsbefund hinweg. Anders Barr-Sharrar a. O. 20 ff., 53, 164, Taf. 26 nr. C 82 (akzeptiert 168 als *terminus ante quem*).

[31] U. Sinn, Die homerischen Becher = 7. Beiheft AM (1979). C. Robert, Homerische Becher = 50. Berl. WPr. (1890). K. Weitzmann, Ancient Book Illumination (1959). Doch vergl. auch Verf. Winckelmanns Hermeneutik = Abh. Mainz 1971, 12, 11 Anm. 2 und Abh. Mainz 1967, 2, 95, 2.

dies Beispiel zeigt aber eine lebendig entwickelte Vielfalt von Handlungen und Gestalten und steht damit in größtem Gegensatz zu der mechanischen Wiederholung von Figurentypen, wie wir sie in den beiden Polyphemgruppen feststellten. Auch der anspruchsvolleren Tafel- oder Wandmalerei möchte man einen solchen Schematismus ungern zutrauen. Deshalb ist es nicht sehr wahrscheinlich, daß die Gruppen einheitliche malerische Vorbilder unmittelbar in plastische Werke umsetzen, was auch technisch höchst schwierig gewesen wäre. Eher scheinen sie solche Vorlagen mit plastischen Figuren eines eklektischen Repertoires sozusagen nachgebaut zu haben. Wenn es sich also auch nicht um plastische „Kopien" von Werken der Flächenkunst handelt, so kann das vermutete Verfahren doch keinesfalls einer Typentradition im älteren Sinne gleichgesetzt werden, bei der Figuren und Kompositionen jeweils in einem Guß lebendig weiterentwickelt werden. Vielmehr verwendet es fertige Versatzstücke und kompositionelle Klischees, zu denen sich in der Kleinkunst – und zwar schon der voraufgehenden Zeit – genaue Parallelen finden. Wir werden auf die Frage der Vorbilder unten noch einmal zusammenfassend zurückkommen.

Als Fazit dieser Untersuchung können wir festhalten: Die Gruppe in Sperlonga hat eine genaue Entsprechung in originärer Flächenkunst, nämlich einem mythologischen Schmuckrelief in Catania (Taf. 3). Ihre Figuren führen in eklektisches Milieu, indem sie teils auch in einem anderen Zusammenhang vorkommen, teils in der Komposition selbst wiederholt werden. Zwei dieser Figuren begegnen bereits deutlich vor dem angenommenen Original und zwar in der Flächenkunst und in einer anderen Situation (Taf. 5). Da sie hier aus chronologischen und inhaltlichen Gründen nicht ein Echo der vermuteten großplastischen Gruppe sein können, beweisen sie die Existenz einer entsprechenden bildlichen Tradition in der Flächenkunst, sei es Toreutik, Relief oder Malerei.

Wer glaubt, die Originale ‚homerischer' Gruppen seien nach Werken der Kleinkunst zu datieren, müßte die Polyphemgruppe konsequenterweise im späten 3. Jahrhundert v. Chr. ansetzen. Das wäre nicht einmal ganz abwegig, denn der sicher und die vielleicht zugehörigen Köpfe der Odysseusgefährten tragen den Habitus dieser Zeit, der sie allerdings nur nachempfunden sind (Taf. 7). Daß eine solche Datierung in die Irre führen würde, beweist der Kopf des Odysseus, der eher auf ‚spätbarocke' Vorlagen reflektiert, aber auch die klassizistische Schönung nicht verleugnet (Taf. 6).[32]

32 Vergl. Verf. Antike Kunst a. O. 105. Der Unterschied wird erst bei den hadrianischen Köpfen wirklich deutlich, in Sperlonga ist er durch die rauschende Mache auch beim Kopf des Weinschlauchträgers überspielt.

Die typologischen Übereinstimmungen der Figuren von Weinreichungs- und Blendungsgruppen sind natürlich nicht unbemerkt geblieben.[33] Statt sie aber als eklektische Erscheinung bzw. als Echo forlaufender Bilderzählung zu verstehen, wurde der Vorschlag gemacht, dahinter zwei monumentale hellenistische Originalgruppen zu erkennen. Sie sollen aus der gleichen Werkstatt stammen und vielleicht sogar nebeneinander gestanden haben. In diesem Falle wären also im gleichen Zusammenhang zwei kurz hintereinander folgende Erzählmomente mit den gleichen Protagonisten und fast denselben Haltungen in weit überlebensgroßen Figuren wiedergegeben gewesen. Die Übertragung kontinuierender Darstellungsweise auf eine Gruppe von so gewaltigen Ausmaßen wie die Polyphemgruppe von Sperlonga schüfe einen extremen Gegensatz zwischen kleinteiliger Erzählung und monumentaler Wiedergabe. Der Widerspruch von illustrativem Charakter und Monumentalität ist zwar auch sonst für die Gruppen von Sperlonga kennzeichnend, bei dieser Annahme würde er jedoch über jedes Maß gesteigert und schon aesthetisch schwer erträglich gewesen sein.

Den Schlüssel zu einer weiteren mythologischen Gruppe bildet das kleine archaisierende Idol einer speerschwingenden Athena, das von einem sehnigen Arm umschlossen wird (Taf. 13).[34] Es weist auf eine Episode der Trojasage, die von vielen Gemmen, aber auch von einer bekannten kleinasiatischen Beinkiste (Taf. 14 a) der mittleren Kaiserzeit in Athen wiedergegeben wird. Diomedes und Odysseus dringen nächtlich in Troja ein und rauben das Palladion, das kleine Kultbild der Stadtgöttin, ohne das Troja nicht erobert werden kann. Auf dem Rückweg in der sternklaren Nacht wird Odysseus von Neid überwältigt. Er will Diomedes hinterrücks erschlagen, um allein als Gewinner des Palladion dazustehen. Diomedes bemerkt aber rechtzeitig die Absicht und dreht sich um, so daß der ertappte Odysseus erschreckt zurückfährt.

Von der Gruppe in Sperlonga sind außer dem Idol auch der Kopf des Diomedes (Taf. 12) und wahrscheinlich die Figur des Odysseus erhalten, der unter dem vom Mantel umwickelten linken Arm das Schwert trägt (Taf. 15–16). Die Statue kommt noch in mehreren maßgleichen Repliken vor, was auf den ersten Blick wieder für die Annahme eines hellenistischen Bronzeoriginals sprechen könnte.[35] Die Schwierigkeiten beginnen, wenn man diese angebliche Originalgruppe zu rekonstruieren versucht. Die Behauptung, der gleiche Odysseus sei auch auf der Beinkiste von Megiste (Taf. 14 a) wieder-

[33] Antike Plastik XIV Andreae 79. Nach Andreae, Odysseus a. O. 146–48 schimmert die Weinreichung in der Blendungszene von Sperlonga durch.

[34] Antike Plastik XIV Conticello Taf. 41.

[35] Antike Plastik XIV Andreae Taf. 69–72.

gegeben, trifft offensichtlich nicht zu: Zwar heben beide in einem Gestus der Verlegenheit die Hand zum Kinn, aber die Relieffigur ist mit Chiton und Mantel bekleidet, weicht zurück und wendet sich um, die Statue hingegen ist bis auf den Rückenmantel nackt und hält im Vorwärtsschreiten inne. Sie blickt auch nicht zurück, sondern wendet den Kopf lediglich in die Vorderansicht. Die Scheidung der beiden Odysseustypen macht weiter keine Schwierigkeiten, weil beide auch in anderen Zusammenhängen vorkommen. Der Odysseus der Beinkiste begegnet auch auf einem monumentalen mythologischen Relief der mittleren Kaiserzeit (Spada-Relief) und auf kleinasiatischen Sarkophagen.[36] Noch wichtiger für unser Problem ist die Beobachtung, daß er offenbar auch in der Ladung eines Schiffes mit Kunstgütern vertreten ist, das kurz vor der Mitte des 1. Jahrhunderts v. Chr. bei Antikythera unterging (Taf. 37).[37] Die 2,10 m hohe Statue gehört hier zu einer Reihe von mehreren überlebensgroßen Marmorfiguren homerischer Helden, die zu flachen, reliefmäßigen Gruppen ähnlich dem Palladionraub in Sperlonga zusammengestellt werden sollten. Die Oberfläche ist stark zerfressen, doch lassen die Schifferkappe und die charakteristische Haltung keinen Zweifel an der Identität.[38]

Auf die Bedeutung des Schiffsfundes für die Geschichte der homerischen Gruppen, zu denen auch die Skulpturen von Sperlonga zu zählen sind, kommen wir zum Schluß noch einmal zurück.

Daß der vordringende Odysseus von Sperlonga von dem der Beinkiste streng zu trennen ist, wird durch eine eigene Typentradition bewiesen, die sich über eine lange Strecke verfolgen läßt. Ein seitenverkehrter Vorläufer begegnet bereits auf einem sog. Guttus des späten 4. Jahrhunderts v. Chr., also mehr als

[36] LIMC III 2, 290 Diomedes I 68. Antike Plastik XIV Andreae Textabb. 79.80. Zum Spadarelief, das die Gestik des Odysseus variiert und für den Diomedes die Figur des Kresilas verwendet, vergl. ausführlich St. Lehmann in: (R. Harprath u. H. Wrede), Antikenzeichnung und Antikenstudium in Renaissance und Frühbarock (1989) 241 ff.

[37] P. C. Bol, Die Skulpturen des Schiffsfundes von Antikythera = 2. Beiheft AM (1972) Taf. 48,1–4. Nr. 29

[38] Möglicherweise kommt auch der Diomedes der Beinkiste im Schiffsfund von Antikythera vor. Ein nackter Jünglingstorso, der diesem in der Bewegung sehr ähnlich ist, weist eine besonders kunstvolle Verstrebung zur Anfügung des angewinkelten linken Armes auf: Bol a. O. 74 Taf. 42,1–2 (‚mähnenartiges Haar' wäre für Diomedes ungewöhnlich. Obwohl auch der Kopf in Sperlonga durch seine vollere Haartracht von der üblichen Darstellung abweicht). Es liegt nahe, dies mit der Belastung durch das Palladion in Zusammenhang zu bringen. Die Haltung beschreibt Bol a. O.: ‚Der Oberkörper ist stark zurückgedreht und der Kopf ganz zurückgewandt'. Die Figur hat allerdings ein kleineres Format als der Odysseus, so daß man eine kleinere Wiederholung der Gruppe annehmen müßte. Dies hätte jedoch eine Entsprechung im gleichen Fund, nämlich zwei Exemplare des gleichen Apollontypus, von denen das eine die anderthalbfache Größe des anderen hat (Bol a. O. Nr. 39.48 und Taf. 31 f). Offenbar haben wir es hier nicht mit individuellen Kunstwerken, sondern mit dem fertigen Angebot einer Marmorindustrie zu tun.

ein Jahrhundert vor der angeblichen hochhellenistischen Gruppe (Taf. 14b).[39] Hier ist Odysseus nicht zurückfahrend, sondern im Verfolgen innehaltend dargestellt, wie es auch die Bewegung der Statue in Sperlonga nahelegt. Zwar trägt er das Schwert in der Rechten, aber seine Haltung und die Drapierung des Mantels stimmen derart überein, daß an dem typologischen Zusammenhang kein Zweifel sein kann. Später treffen wir ihn dann in einem typisch eklektischen Umfeld wieder, nämlich auf dem klassizistischen Krater Medici (Taf. 17a) aus dem 1. Jahrhundert v. Chr.[40] Der inhaltliche Zusammenhang ist hier unklar, jedenfalls handelt es sich aber nicht um den Palladionraub. Die Bartlosigkeit der Figur hat man auf Überarbeitung zurückgeführt, doch könnte das ebenso wie das Fehlen des Pilos eine eklektische Veränderung sein. Bartlos ist jedenfalls auch eine ins Klassische rückstilisierte Statue des 2. Jahrhunderts n. Chr. in Athen (Taf. 17b), die deshalb nicht Odysseus gemeint haben kann.[41] Eine andere Wiederholung der mittleren Kaiserzeit ist sogar mit einem bartlosen bürgerlichen Porträtkopf verbunden.

Schließlich noch ein später Bronzebeschlag (Taf. 22b), der die nahezu unbegrenzten Möglichkeiten eklektischer Praxis illustrieren kann.[42] Dargestellt ist die Pasquinogruppe im Zusammenhang von Szenen aus dem Leben Achills, was die oben vorgeschlagene Deutung bestätigt. Hinter Aias läuft Odysseus her, der später die Griechen mit seinen rhetorischen Künsten überzeugen wird, daß er das Hauptverdienst an der Rettung des Leichnams hatte. Zwar ist die Figur mit Chiton bekleidet, aber der flatternde Mantel, das Schwert in der Linken und der kennzeichnende Gestus der Rechten lassen keinen Zweifel, daß es sich um den Typus der Statue von Sperlonga handelt.

Versucht man, wie es eine bekannte Rekonstruktion tut, den Odysseus Sperlonga in die Komposition der Beinkiste einzufügen, so ergeben sich erhebliche Schwierigkeiten.[43] Nach der starken Wendung des Kopffragments zu ur-

[39] LIMC III 2, 291 Diomedes I 77. Zur Datierung M. A. Jentel, Les gutti et les askoi étrusques et apuliens (1976) 202ff. Taf. 36. Abb. 122.

[40] D. Grassinger, Römische Marmorkratere (1991) 62ff., 163ff. Auch von einem Pilos ist anscheinend keine Spur mehr zu sehen. Ein Bronzerelief des späten 18. oder frühen 19. Jahrhunderts im Bargello (319 Inv. 123 B), das den Fries des Kraters abrollt, zeigt allerdings eine bärtige Figur: Möglicherweise sah der Verfertiger noch Reste. Die von Grassinger vorgeschlagene Ergänzung eines Schildes im Anschluß an das Dolonrelief widerspricht den materiellen und typologischen Gegebenheiten.

[41] Vergl. A. Herrmann in: Acta Inst. Rom. Norvegiae IV 1969, 31. Boreas 9, 1986, 133ff. Taf. 20 (H. Wrede). Die Porträtstatue a. O. Taf. 19.

[42] Andreae, Odysseus 165 oben. Helbig II^4 1546. Den Zusammenhang erkannte A. Herrmann in: Art Bulletin 56, 1974, 276. – Eine seitenverkehrte Variante des Typus scheint die Odysseusstatuette in Venedig zu sein (EA. 2519f). – Der Tensa capitolina ist eine Bonner Magisterarbeit von C. Danguillier gewidmet.

[43] Die Rekonstruktion Antike Plastik a. O. Conticello Textabb. 12 (vergl. hier Textabb. 1). Der

teilen (Taf. 12), schritt zwar auch der Diomedes in Sperlonga nach links und wandte sich ruckartig zurück. Die Bewegung wird man sich in Analogie zu der Figur aus dem Schiff von Antikythera Anm. 38 ergänzen, die vielleicht selbst einen Diomedes darstellt. Mit einer solchen Figur ist jedoch der Odysseus schwer zu vereinen. In einer reliefmäßigen Ansicht auf seine rechte Seite (Taf. 15), die die Hauptansicht zu sein scheint und so auch in der Flächenkunst wiedergegeben wird, entstünde mit einem nach links anschließenden Diomedes überhaupt kein Kontakt, da Odysseus den Kopf zwar nach rechts in die Vorderansicht, aber nicht zurück wendet. In dieser Ansicht würde man ihn lieber zu einer Verfolgergruppe ergänzen, wie sie von dem erwähnten Guttus, allerdings linksläufig, wiedergegeben wird. Diomedes wäre dann rechts unterzubringen, was aber durch die Wendung des Kopffragments ausgeschlossen wird.[44] Die genannte Rekonstruktion greift zu dem Mittel, den Odysseus in die Vorderansicht zu drehen, damit er den links anschließenden Diomedes sehen kann (Textabb. 1). Dies paßt aber nicht mehr mit einem reliefmäßig aufgefaßten Diomedes zusammen, was die Rekonstruktion vergeblich glaubhaft zu machen versucht. Bei ihr stehen die Figuren im rechten Winkel zueinander und Odysseus läuft ins Leere. Wie immer das Verhältnis zu entwirren ist, sicher ist jedenfalls, daß der Diomedestypus der Beinkiste und der Odysseus von Sperlonga ursprünglich nicht zusammengehören. Man könnte sogar darüber spekulieren, ob letzterer nicht wie auf dem Bronzebeschlag der Pasquino–Gruppe zugeordnet war. Das wird aber mit Sicherheit durch den Gestus der Rechten ausgeschlossen, den er mit dem Typus Megiste gemein hat, der auch nur beim Palladionraub Sinn macht, nicht aber bei der Bergung Achills. Die Lösung des Problems könnte in der Figur des Diomedes Sperlonga liegen, der vielleicht dem der Beinkiste auch nicht oder nicht voll entsprach. Daß er das Idol nicht auf der Hand trägt, sondern umarmt, ist vielleicht nicht allein mit statischen Problemen der Großplastik zu erklären. Da die Rückseite der Athena ausgearbeitet ist (Taf. 13b), hat man auch schon vermutet, er trage sie nicht, sondern hebe sie aus einer hockenden Stellung auf. So zeigt es eine unvollendete Gruppe in Athen, die aber sonst nicht vergleichbar ist.[45] Außerdem setzt der vordringende Odysseus doch wohl einen bewegten

Kopf des Diomedes a. O. Conticello Taf. 37. Die Hauptansicht des Odysseus a. O. Conticello Taf. 46a. Rückseite des Palladion a. O. Conticello Taf. 43 (hier Taf. 13b).

44 Die Ergänzung einer linksläufigen Gruppe im Anschluß an den Guttus wird scheinbar von der Ansicht Antike Plastik Conticello Taf. 47b = LIMC a. O. Diomedes I 79 (= hier Taf. 16b) nahegelegt, scheitert aber daran, daß die Figur dann den Kopf vom Betrachter abwendet.

45 AJA. 61, 1957, Taf. 83,2. Gegen diese Verbindung sprechen auch die AP XIV a. O. 39 erwähnten Beinfragmente, die nach freundlicher mündlicher Mitteilung von Andreae auf Diomedes zu beziehen sind und eine ausschreitende Figur bezeugen. Es wird zu prüfen sein, ob die Figur von Antikythera Anm. 38 mit den Beinfragmenten vereinbar ist.

Kontrahenten voraus. Theoretisch bleiben dann nur zwei Möglichkeiten: Der Odysseus war sinnwidrig in eine Komposition wie die auf der Beinkiste eingefügt, wobei aus dem Vordringen ein Zurückfahren gemacht wurde und kein Blickkontakt mit dem Diomedes entstand. Oder die Figur wurde stärker in die Vorderansicht gedreht, womit die reliefartige Anordnung durchbrochen war. Die beiden standen dann im rechten Winkel oder V-förmig nach vorn nebeneinander. Dadurch wäre dann die traditionelle Bildidee der Szene, nämlich daß Odysseus den Rivalen hinterrücks erschlagen will, aufgegeben. Festzuhalten bleibt, daß der Odysseus von Sperlonga, obwohl selbst eine häufig reproduzierte Figur, in einer der bekannten Palladionraubgruppen nicht ohne große Schwierigkeiten unterzubringen ist, wenn man von der frühen Darstellung auf dem Guttus absieht.

Fassen wir unsere Beobachtungen zur Palladionraubgruppe von Sperlonga zusammen: Wieder bestehen enge Beziehungen zur Flächenkunst, in der ein typologischer Vorläufer der Figur des Odysseus schon mehr als ein Jahrhundert vor der angeblichen hochhellenistischen Gruppe anzutreffen ist (Taf. 14b). Durch die verschiedenen Verwendungen dieser Figur, die sogar mit Umbenennungen einhergehen, wird man auch wieder in ein eklektisches Umfeld geführt, ja sie ist geradezu ein Chamäleon an eklektischer Anpassungsfähigkeit. Man kann nicht einmal mit Sicherheit sagen, ob sie wirklich ursprünglich schon Odysseus darstellte.[46] Die anerkannte Tatsache, daß der Odysseus von Sperlonga eine Kopie ist, läßt sich mit einer Herkunft aus der Flächenkunst und eklektischer Verwendung offensichtlich vereinen. Es ist ja auch nicht einzusehen, weshalb solche bravourösen Umsetzungen aus Malerei oder Relief in Rundplastik nicht auch wie klassische Originale maßgetreu kopiert werden sollten, wenn sie dem Publikum gefielen. Schließlich gewinnen wir mit dem Odysseus von Antikythera einen datierbaren Anhalt, wann ungefähr und in welchen Zusammenhängen homerische Gruppen in der Art der Skulpturen von Sperlonga zuerst aufgekommen sind.

Zu ganz ähnlichen Feststellungen kommen wir bei der Gruppe der Skylla, deren Marmorgebirge sich auf einer Grundfläche von 2,88 × 3,00 m erhebt (Taf. 8–9).[47] Grundlage der Rekonstruktion, die noch nicht abgeschlossen ist,

[46] H. Wrede in: Boreas a. O. 135 hielt es für möglich, daß das zugrundeliegende Original einen Gott, vermutlich Hermes, wiedergab. Später sei es variiert und zur Darstellung unterschiedlicher Heroen verwendet worden. Gegen eine ursprüngliche Bedeutung als Odysseus spricht nach Wrede auch, daß immerhin mehrere Beispiele bartlos und ohne Pilos auftreten und daß es in der antiken Kunst keine Porträtangleichung an einen Odysseus-Typus gibt, was Wrede mit dem ‚insgesamt anfechtbaren' Charakter des Helden in Zusammenhang bringt.

[47] Andreae-Conticello, Skylla und Charybdis (Anm. 7. Auf Charybdis, die auf dem Kontorniaten a. O. Abb. 49 durch einen Baum, vergl. Od. 12, 103, über ihr angedeutet wird, geht die Arbeit nicht ein). Zur räumlichen Struktur der Skylla, die trotz ihrer Tiefenerstreckung keine

bilden wieder Werke der Kleinkunst, auf die wir gleich zu sprechen kommen (Taf. 10–11). Skylla, deren Leib in zwei symmetrisch aufsteigende Seedrachenschwänze ausläuft und aus deren Hüften Hundeleiber herauswachsen, greift mit der Rechten nach dem Kopf des Steuermanns auf dem Schiff des Odysseus, das rechts von ihr vorbeigleitet. Die Ikonographie des Ungeheuers hat eine alte Tradition. In der Form, in der es in Sperlonga begegnet, ist es schon auf einer großgriechischen Spiegelkapsel des frühen 3. Jahrhunderts v. Chr. in Berlin ausgebildet, auf der auch schon der schräg aus dem Wasser emporgezogene Odysseusgefährte vorkommt.[48] In der Kaiserzeit entstehen zahlreiche Marmorgruppen, die in typisch eklektischer Manier immer wieder dieselben Bildelemente durcheinandermischen. Ein Beispiel liefert eine Oxforder Gruppe, die u.a. auch wieder den frontal emporgezogenen Gefährten verwendet.[49]

Die Gruppe von Sperlonga arbeitet mit denselben Versatzstücken, weshalb man sie ohne starke Gegengründe der gleichen eklektischen Umgebung zuordnen würde. Die anderslautende Annahme, die Gruppe sei die getreue Kopie eines gewaltigen hochhellenistischen Bronzeoriginals aus den Jahren um 180 v. Chr., stützt sich auf eine Reihe von Darstellungen der Kleinkunst, die von hellenistischer Zeit bis in die Spätantike reichen und die als Echo dieser Schöpfung interpretiert werden.

Beginnen wir mit den spätesten, einem gallorömischen Tonmedaillon und einem spätantiken sog. Kontorniaten, so ergeben sich tatsächlich große Über-

im hellenistischen Sinne verspannte Komposition, sondern ein Block mit reliefierten Seiten ist, vergl. Verf., Antike Kunst 34, 1991, 107. Die scheibenartige Anlage wird besonders in der Ansicht von hinten Andreae-Conticello a. O. Abb. 6 deutlich. – Nach Andreae-Conticello a. O. 37ff. wurde das angebliche Bronzeoriginal der Gruppe um 180 v. Chr. auf einem öffentlichen Platz in Rhodos aufgestellt, wo sie als ‚Denkmal des ständigen Piratenkrieges' verstanden wurde. Zugleich sei damit auf das Verhältnis der griechischen Staaten zu Rom im Sinne von Lykophrons ‚Alexandra' angespielt worden. Die allegorische Deutung einer mythologischen Gruppe so weit zu treiben, scheint jedoch verfehlt, selbst wenn man sie als ein politisch motiviertes Weihgeschenk akzeptiert. Die extrem verrätselten, selbst Gelehrten der Zeit nur schwer verständlichen Pseudoprophezeiungen des Lykophron in einem für die breite Öffentlichkeit gedachten Denkmal wiederfinden zu wollen, wäre sicher unangemessen. Als allegorische Verkörperung des ständigen Piratenkrieges wäre die Gruppe widersinnig. Man wird nicht im Ernst glauben wollen, die Rhodier hätten ihr Verhältnis zu den Piraten im Bilde des Skyllaabenteuers gesehen, in dem der Held einem übermächtigen Feind nur mit Mühe und unter großen Verlusten entkommt. Es kann doch nicht der Sinn eines politischen Denkmals sein, die Übermacht eines Feindes zu verklären. S. Nachtrag.

48 W. Züchner, Griechische Klappspiegel = 14. Erg. H. (1942) 212 Abb. 120. Vergl. die von einem Hund in die Schulter gebissene Figur der Gruppe in Sperlonga Andreae-Conticello a. O. Abb. 5. 12–14. – Vergl. auch das prächtige Skyllaemblem New York Metr. Mus. 1981, 11.22 = MMA Bulletin 42, Summer 1984, 55 nr. 95 aus einem großgriechischen Schatz des 3. Jahrhunderts. v. Chr.

49 Andreae-Conticello a. O. Abb. 56, 58, 59.

einstimmungen (Taf. 11 b–c).[50] Sie werden noch frappanter, wenn man in einer zeichnerischen Rekonstruktion der Gruppe das Schiff des Odysseus nach links herausklappt (Textabb. 2). Ähnlich wie auf dem Medaillon packte die in Sperlonga allerdings verlorene Skylla mit den nach hinten symmetrisch emporsteigenden Schwänzen den Steuermann des Odysseus am Schopf, um ihn vom Heck des Schiffes herunterzuzerren. Selbst der speerschwingende Odysseus hat nach Ausweis von zugehörigen Fragmenten hinter ihm auf dem Deck gestanden.[51] Das sind so weitgehende Gemeinsamkeiten, daß die beiden Überlieferungen nicht von einander unabhängig sein können. Entweder hängen die späten Bildchen von einem plastischen Werk in der Art der Gruppe von Sperlonga ab, also vielleicht dem hypothetischen hochhellenistischen Vorbild, oder beide leiten sich von einer malerischen Vorlage her, die vielleicht ein Wand- oder Tafelbild war.[52] Die Unterschiede, die sich in den Miniaturen gegenüber der Gruppe finden, könnten für die zweite Möglichkeit sprechen, nämlich der zusätzliche Seemann hinter Odysseus und die Angabe des Baums über der Charybdis auf dem Kontorniaten in London. Aber das könnten auch Zusätze sein, die sich bei der Umsetzung in die Fläche anboten. Wichtiger ist ein anderer Gesichtspunkt, nämlich daß die Aktion des Odysseus weitgehend ihren Sinn verliert, wenn das Schiff in einer plastischen Gruppe wie in Sperlonga an der rechten Flanke der Skylla vorbeifährt. Odysseus hat dann seine Gegnerin nicht mehr auf Entfernung vor sich, sondern steht unmittelbar hinter ihr, wie der Durchblick durch die Gruppe von den Seiten aus lehrt (Taf. 9b). Der Speer*wurf* (nicht Stoß) einer ausschreitenden Profilfigur, wie sie von den Medaillons gefordert wird, ließe sich hier nur noch sehr künstlich mit seinem Ziel verbinden.[53]

Die späten Wiedergaben erinnern stark an entsprechende Darstellungen in der hellenistischen Reliefkeramik bzw. Toreutik und es liegt nahe, diese als erstes Echo des mächtigen hochhellenistischen Werkes aufzufassen, das um 180 v. Chr. in Rhodos entstanden sein soll. Diese frühen Bilder führen nun allerdings wieder nicht näher an das hypothetische Original der Gruppe von

[50] a. O. Abb. 47, 49.

[51] Andreae, Laokoon und die Gründung Roms (1988) 193 Abb. 58, 59.

[52] Der Londoner Kontorniat Andreae-Conticello a. O. Abb. 49 weicht insofern ab, als er wie die hellenistischen Wiedergaben das Schiff des Odysseus mit dem Bug zur Skylla wendet (nicht bemerkt von Andreae-Conticello).

[53] Wenn, wie mir B. Andreae freundlicherweise mitteilt, das Schiff gegenüber der bisherigen Rekonstruktion um 30 cm an die Skylla herangerückt werden muß, wird diese Schwierigkeit noch gravierender. Der dem Odysseus zugeschriebene Speerarm bei Andreae, Laokoon und die Gründung Roms 193 Abb. 59. S. Nachtrag.

Abb. 2: Rekonstruktion der Skyllagruppe (das Schiff des Odysseus ist nach links herausgeklappt).

Sperlonga heran, ganz im Gegenteil weisen sie gegenüber dieser, aber auch gegenüber den Medaillons erhebliche Unterschiede auf.

Durch seinen Fundkontext in Didyma ist der Abdruck eines Models (Taf. 10b) fest in hellenistische Zeit datiert.[54] Es zeigt die Skylla in dem bekannten Typus mit den aus ihrem Leib herausschießenden Hunden, die die Gefährten des Odysseus zerfleischen. Oben rechts fährt das Schiff vorbei, von dem sie einen weiteren Mann der Besatzung herunterreißt. Neben diesem erscheint wieder der speerschwingende Odysseus. Die Unterschiede gegenüber der nachhellenistischen Überlieferung sind auf den ersten Blick schwer zu verstehen. Das gilt weniger für die seitenverkehrte Darstellung der Skylla und des Odysseus, da solche Umkehrungen aus technischen Gründen in der Toreutik nicht selten sind. Auffälliger ist es, daß von dem Schiff, das damit zugleich die Fahrtrichtung wechselt, jetzt nicht das Heck, sondern der Bug gezeigt wird. Höchst unbefriedigend ist die Stellung des Odysseus, der sich von dem bedrohten Gefährten abwendet und ins Leere kämpft. Man hat das mit den

[54] Andreae-Conticello Abb. 43, 44. Wenn die Hunde der Skylla Gefährten ‚schon' zerfleischen, obwohl sie selbst ‚erst' einen vom Bug herabzieht, so ist das bei dem bekannten ‚proleptischen' Verfahren der griechischen Kunst kein Widerspruch. Vielleicht handelt es sich aber auch um einen Hinweis auf Kontamination wie bei den im folgenden besprochenen Erscheinungen.

Schwierigkeiten bei der Umsetzung einer rundplastischen Gruppe in die Fläche erklärt.[55] Aber natürlich begeben sich die einzelnen Toreuten nicht jeweils vor ein Kunstwerk, um ihre spezielle Ansicht davon wiederzugeben, vielmehr verwenden sie Bildelemente eines keramischen Typenrepertoires, zumeist in Form von Modeln oder Stempeln, die in der Gattung selbst tradiert werden. Die gleichen Figuren wie auf dem Model begegnen denn auch in der Reliefkeramik. Seine Skylla stimmt wörtlich mit einem auf rhodischen Bechern verwendeten Stempel überein, der auch wieder den Bug des Schiffes zeigt (Taf. 11 a).[56] Die Figur des Odysseus ist auf dem Model ebenfalls nicht frei hinzukomponiert, sondern entspricht dem Dreizackschwinger einer calenischen Reliefschale (Taf. 10 a), die bereits im mittleren 3. Jahrhundert v. Chr. entstand und den ganzen Vorgang in einem flächigen Fries ausbreitet.[57] Die hier wieder frontal gegebene Skylla reißt den Gefährten vom Bug, Odysseus und ein Bogenschütze, mit dem es eine besondere Bewandtnis hat, eilen vom Heck heran, um das Ungeheuer zu bekämpfen.[58] Die Besonderheiten der drei helle-

[55] a. O. 21 (‚Reduktionsformen entsprechend den individuellen Vorstellungen der jeweiligen Kunsthandwerker'). Wie ich erst nachträglich sehe, hat Andreae, Laokoon (Anm. 53) 104 den tatsächlichen Hergang später immerhin als Möglichkeit in Betracht gezogen, ohne allerdings die Folgerung zu ziehen, daß damit die hellenistischen Wiedergaben die Existenz der freiplastischen Gruppe nicht mehr beweisen können.

[56] A. Greifenhagen, Beiträge zur antiken Reliefkeramik = 21. Erg.H. JdI. (1963) 52 ff. Abb. 46 ff. Andreae-Conticello a. O. Abb. 46. Die typologische Übereinstimmung mit dem Model aus Didyma hatte schon Tuchelt (Anm. 58) sorgfältig herausgearbeitet. Er wies bereits darauf hin, daß auch auf den rhodischen Bechern der *Bug* des Schiffes dargestellt ist.

[57] Greifenhagen a. O. 56, 146 Abb. 59. Das Heck des Schiffes zeigt bereits die gleiche Form und die gleichen Einzelheiten wie das Schiff des Hagesandros auf dem bekannten Relief in Lindos, nach dem das Schiff von Sperlonga ergänzt wird (Andreae-Conticello a. O. Abb. 60). Die mit diesen Schalen verbundene Signatur des L. Canuleius hat sich inzwischen auch auf einer der notorisch frühen Herakles-Schalen aus Vulci gefunden: Arch. Cl. 17, 1965, 130 ff. (M. T. Falconi Amorelli). An der für die Produktion des L. Canuleius L. f. von R. Pagenstecher gegebenen Datierung hat sich m.W. nichts geändert (R. Pagenstecher, Die calen. Reliefkeramik, 1909, 165. Für Auskünfte danke ich M. Aeissen und H. Dittmers-Herdejürgen). Der in zwei vollständigen Exemplaren in Berlin und London erhaltene calenische Schalentypus wird von Andreae nicht erwähnt. Wegen seiner sicheren Datierung ins 3. Jahrhundert hätte er von vornherein Zweifel an dessen Hypothese erregen müssen. – Die italisch geprägte Erscheinung des Odysseus (nackt mit Mantelwulst um die Taille) widerspricht natürlich nicht dem typologischen Zusammenhang. Auch der Odysseus des Tonmodels kämpft nach links und weicht von der Figur in Sperlonga ab (Panzer statt des kurzen Chitons). – Der Schiffstypus der Skyllagruppe in Sperlonga, den die Rhodier wie alles übrige aus der hellenistischen Tradition der Gruppe übernahmen, wird in der ergänzten Form von Andreae als Trihemiolia gedeutet. Dazu s. A. Geyer im GGA. 243, 1992, 64 mit dem Hinweis, daß derartige Schiffe noch bis in flavische Zeit verwendet wurden.

[58] Zum Bogenschützen vergl. K. Tuchelt in: Ist. Mitt. 17, 1967, 185. Tuchelt wies nach, daß die auf den rhodischen Bechern vorkommende Kampfgruppe eines Hopliten mit einem Bogenschützen, die von einem Schiffsheck kämpfen (Taf. 11 a), nicht zur Skyllagruppe gehört, sondern Aias und Teukros beim Schiffskampf nach der Ilias darstellt. Auf der calenischen Schale

nistischen Quellen – calenische Schale, „rhodische" Becher, Abdruck von Didyma – erklären sich mithin aus den handwerklichen Gewohnheiten in einer Gattung, in der mit Typen von Stempelkeramik gearbeitet wird. Ihre Darstellungen als verschiedene Ansichten plastischer Gruppen zu werten, wäre sicher ein methodischer Fehler.

Ziehen wir die Folgerungen für unser Problem, so zeigt sich, daß auch die Skylla-Gruppe von Sperlonga enge Verbindungen zur Flächenkunst aufweist. Dabei sind hellenistische und kaiserzeitliche Darstellungen offenbar wieder zu unterscheiden. Die calenische Schale des 3. Jahrhunderts v. Chr. bezeugt die Bildidee, aber auch Einzelfiguren, nämlich den Dreizack- bzw. Speerwerfer Odysseus und die Skylla selbst, bereits zwei Generationen vor der angeblichen rhodischen Monumentalbronze. Durch die friesartige Ausbreitung von vier verschiedenen Odysseusepisoden beweist sie des weiteren, daß die ganze Ikonographie in der Toreutik, jedenfalls aber in der Flächenkunst zu Hause ist. Während die hellenistischen Werke sozusagen mit beweglichen Lettern arbeiten, wie es ihrer Gattung entspricht, liegt den späten Miniaturen ein einheitliches Vorbild der Flächenkunst zugrunde. Von diesem, das offenbar Elemente der älteren hellenistischen Tradition in eklektischer Weise zusammenfügte, müssen die Gruppe in Sperlonga und die anderen eklektischen Marmorgruppen abhängen. Wann dieses Vorbild, das man sich als ein Gemälde oder Mosaik denken wird, entstand, läßt sich vorläufig nicht genau bestimmen und ebenso wenig, wann die Übertragung in eine plastische Gruppe vorgenommen wurde. Jedenfalls scheint es sich nicht um einen ungewöhnlichen Vorgang zu handeln, denn auch bei anderen Gruppen läßt die Überlieferung in der Flächenkunst ähnliche Unterschiede zwischen hellenistischen und nachhellenistischen Darstellungen eines Themas erkennen. Ein besonders anschauliches Beispiel liefert der sog. Farnesische Stier, was ich hier aus Zeitmangel nicht ausführen kann.[59]

trägt der Bogenschütze dementsprechend eine phrygische Mütze. Seine Anwesenheit beweist, daß schon hier eine Kontamination aus Typen zweier verschiedener Szenen vorliegt. Der Speerwerfer auf dem Schiffsheck in der Szene der rhodischen Becher erinnert so stark an die Gruppe in Sperlonga, daß man darin einen Vorfahren sehen möchte. Vielleicht gelangte der Bildtypus ebenfalls durch Kontamination in die Skyllaikonographie. – Tuchelt 186 ff. zeigte bereits, daß die Verschmelzung der Typen in der Reliefkeramik gegen einen Bezug auf Freiskulptur spricht. Die originalen freiplastischen Skyllagruppen wie z. B. das Monument von Bargylia kommen ohne das Schiff mit Odysseus aus, das ganz augenscheinlich aus der Flächenkunst stammen muß. – Ein vom ganzen Schiff kämpfender Odysseus allein bei Sinn (Anm. 31) 85 MB 19.

59 Chr. Kunze in : E. Pozzi (Hrsg.), Il Toro Farnese – la ‚montagna di marmo' fra Roma e Napoli (1991). Zuletzt Andreae, RM. 100, 1993, 107 ff. (hält das Original der Gruppe für eine ‚Selbstdarstellung' der pergamenischen Könige Eumenes II und Attalos II). Die Rückführung des Toro Farnese auf eine malerische Vorlage galt bei den älteren Archäologen als ausgemacht, vergl. G. Rodenwaldt, Die Komposition der pompeianischen Wandgemälde (1909) 214 ff.

Ich fasse noch einmal zusammen: Die als Zeugen für die Existenz hochhellenistischer Bronzevorbilder für die mythologischen Gruppen von Sperlonga angerufenen Werke hellenistischer Kleinkunst können diesen Dienst nicht leisten. Mehrere der von ihnen überlieferten Figuren und Szenen lassen sich bereits lange vor den hypothetisch geforderten Skulpturen nachweisen. Dadurch legen sie die Vermutung nahe, daß vielmehr umgekehrt die in diesem Bereich entwickelten Darstellungen in einem Akt von Gattungsüberschreitung in großplastische Gruppen umgesetzt worden sind. Diese Gruppen unterscheiden sich von wirklich hochhellenistischen Werken durch ihren erzählend-illustrativen Charakter, aber auch durch ihre räumliche Spannungslosigkeit. Sie sind reliefmäßig-flach (Palladionraub) bzw. frontalisiert (Pasquino) oder malerisch aufgelöst (Blendung, Skylla) und bilden insofern einen großen Gegensatz zu den dynamisch verstrebten und gegensätzlich sperrigen Gruppen von den Großen Galliern bis zur Satyr-Hermaphroditengruppe und darüber hinaus. Bei der am besten vergleichbaren Marsyasgruppe ist die Aufstellung leider nicht bekannt. Geht man jedoch von der sicheren Voraussetzung aus, daß der Skythe den Silen anblickt, so wird eine malerisch gleitende Komposition im Sinne der Blendung Polyphems in Sperlonga auf jeden Fall ausgeschlossen, vielmehr müssen die Figuren in einem harten Übereck zueinander gestanden haben.

Wann die Vorbilder der Gruppen von Sperlonga entstanden sind, müßte für jeden einzelnen Fall untersucht werden, wozu hier nicht der Platz ist.[60] Ich möchte hier nur eine Vermutung zu den drei Odysseusgruppen äußern, die sich durch ihre reliefmäßig bzw. malerisch erzählende Auffassung von der stärker monumentalen Aiasgruppe unterscheiden. Auch wenn die ganze Kunstrichtung schon Vorläufer im späten 2. Jahrhundert gehabt haben sollte, was man vermuten darf, so sind Werke dieser Art in größerer Zahl doch anscheinend erst nach 100 v. Chr. entstanden und häufiger kopiert worden.

Außerdem E. Schmidt, in: Festschrift Paul Arndt (1925) 110 und die Rezension dazu von A. v. Salis, Gnomon 4, 1928, 254. Damit war etwas Wesentliches gesehen, auch wenn die Argumente im Einzelnen heute nicht mehr stichhaltig sind. Schon vor diesen Archäologen hatte ein kunsthistorisch geschulter Betrachter wie Hippolyte Taine diesen Charakter deutlich empfunden (Reise in Italien 1864). In der Überlieferung lassen sich die kaiserzeitlichen Wiedergaben, die von der plastischen Gruppe oder ihrer malerischen Vorlage abhängen, deutlich von älteren unterscheiden, die alle Anzeichen genuiner Flächenkunst aufweisen. Erstes Echo der neuen Version ist das Relief auf dem Panzer der in Naxos gefundenen Statue vermutlich Marc Antons. Hier ist der Stier durch felsigen Grund über die anderen Figuren erhöht, was die Wirkung steigert, den sachlichen Hergang jedoch verunklärt (vergl. Festschrift für Nikolaus Himmelmann, 1989, Taf. 53). Auf die Problematik der Dirkegruppe werde ich an anderer Stelle ausführlicher eingehen. Vergl. Verf. AntK. a. O. 107 (eklektisch).

60 Einige allgemeinere Überlegungen dazu unten S. 42f.

Einen ungefähren chronologischen Anhaltspunkt bietet der Schiffsfund von Antikythera, aus dem ich noch einen zweiten Odysseus (Taf. 36) und eine wahrscheinlich Achill zu nennende Figur zeige.[61] An die Odysseusgefährten der Polyphemgruppe ebenso wie an den Fechter Borghese erinnert im gleichen Fund die Statue eines berserkerhaft vorstürmenden Mannes, der abgesehen von seiner geringeren Größe auch zu den homerischen Gruppen passen würde. Die hier vertretenen Marmorgruppen homerischer Helden können wegen ihrer flächigen Anlage, ihres malerischen Details und ihrer klassizistischen Formen nicht lange vor dem Untergang des Schiffes um 60 v. Chr. geschaffen sein.[62] Sie sind somit die frühesten datierten Beispiele einer neuen Kunstgattung, in der Vorbilder illustrierender Flächenkunst in größerem Umfange in Rundplastik umgesetzt wurden.[63] Dabei zeigt die Zusammen-

[61] J. N. Svoronos, Das Athener Nationalmuseum (1908) 72, Taf. XIII. Der berserkerhafte Mann Bol a. O. Taf. 49, 1–4. Das auf der Tafel bei Sovronos abgebildete Fragment eines Pfahls wird als Wagendeichsel im Zusammenhang mit mehreren Pferdetorsen gedeutet, sonst könnte man vielleicht sogar an den Rest einer Gruppe mit Blendung Polyphems denken. Vergl. bereits Bol a. O. 106.

[62] Vergl. Verf. im Katalog der Bonner Mahdia-Ausstellung: (G. Hellenkemper-Salies u. A., Das Wrack. Der antike Schiffsfund von Mahdia (1994) 2, 849 ff. Vergl. bereits die treffliche Charakterisierung bei Bol a. O. 104 ff.)

[63] Die anscheinend aus dem mittleren 2. Jahrhundert v. Chr. stammende mythologische Terrakottagruppe aus Tortoreto Antike Plastik XIV Andreae Textabb. 28, 29 ist wohl nur bedingt als Vorläufer anzusehen, obwohl sie beachtliches Format und fast rundplastische Ausarbeitung aufweist. Sie hängt evident mit der zeitgenössischen Flächenkunst der Architekturreliefs und Urnen zusammen, so daß sie als Beweis für die Existenz großplastischer Gruppen in Pergamon und Rhodos nicht dienen kann (anders Andreae, Odysseus a. O. 89 zu den Fragmenten aus Tortoreto. Die Deutung auf das Polyphemabenteuer ist plausibel, vergl. die Urne LIMC VI 2, 644 Uthuze Nr. 55, läßt sich aber nicht verifizieren, da die Arme der Chitonfigur nicht vorgestreckt waren. Da die sitzend zu ergänzende Figur des Riesen die anderen, die links und rechts angenommen werden müssen, weit überragte, ist eine Art Giebelkomposition wahrscheinlich. Trotz der fast rundplastischen Ausarbeitung, die Rückseiten sind allerdings stark vernachlässigt, muß die Aufstellung streng reliefmäßig gewesen sein. Für Auskünfte danke ich R. Känel, der kürzlich festgestellt hat, daß die Fragmente aus einer Villa stammen. Eine Deutung als Giebel ist damit unwahrscheinlich, aber wohl immer noch nicht ganz ausgeschlossen). Ebenfalls aus einer Villa (bei Colle Cesarano, zwischen Rom und Tivoli) scheint ein tönerner Polyphem zu kommen, der in: Archeo nr. 53, Juli 1989, 13 abgebildet ist (hier Taf. 40). Die massige Haarwiedergabe, die herausgetriebene Brust lassen ein Datum noch im 2. Jahrhundert v. Chr. möglich erscheinen. Erwähnt jetzt auch von Andreae, Praetorium Speluncae. Tiberius und Ovid in Sperlonga (Abh. Mainz 1994, 2) 18 f. 121 („spätrepublikanisch oder frühaugusteisch'). Nachtrag: A. Faustoferri-Geominy weist mich noch freundlicherweise hin auf A. Candeloro, Un gruppo fittile da Tortoreto con rappresentazione di tema omerico, in: Quaderni dell'Istituto di Archeologia e Storia Antica 3, 1982–3, 121 ff. Vom gleichen Fundplatz stammen Fragmente weiterer Tonfiguren, u. a. 3 Musen. Die Verf. fand an dieser Stelle moltissimi frammenti fittili aller Art und nimmt deshalb an, daß hier eine Werkstatt bestand. In diesem Falle ließe sich die vorgesehene Aufstellung der Polyphemgruppe nur aus dem Befund der Fragmente selbst erschließen. Ein älterer Bericht erwähnt in dem Fund auch Architekturterrakotten. Die Datierung der Gruppe durch die Autorin in die zweite Hälfte des 1. Jahrhunderts v. Chr. oder später ist deutlich zu spät.

setzung des Fundes, in dem außer mehreren gleichartigen Gruppen auch zwei Repliken der gleichen Apollostatue vorkommen, daß es sich nicht um individuelle Aufträge, sondern um serienmäßige Produkte einer Marmorindustrie handelt.

Dies ist zugleich ein Hinweis auf den soziologischen Hintergrund der neuen Erscheinung, nämlich die römischen Villen und Paläste, zu deren Austattung die Gruppen ebenso wie die anderen Marmorwerke der Schiffsfunde von Mahdia und Antikythera dienten. Chronologisch ist dieser Zusammenhang nicht eindeutig auszuwerten.[64] Zwar dürften erbeutete Kunstwerke schon während des ganzen 2. Jahrhunderts v. Chr. auch in privaten Häusern und Villen aufgestellt worden sein, doch läßt sich die Existenz von speziell dafür hergestellten, großformatigen homerischen Marmorgruppen in der Art der Funde von Antikythera und Sperlonga für eine so frühe Zeit archäologisch nicht nachweisen (vergl. Anm. 63). Cato wettert schon in einer Rede von ca. 152 v. Chr. gegen Luxus in Stadthäusern und Villen, bezieht sich dabei aber auf kostbare Hölzer, Elfenbein und Mosaikfußböden, nicht auf Skulpturen. Wenn er sich an anderer Stelle darüber entrüstet, daß Götterstatuen wie Hausrat behandelt würden, so schafft das natürlich auch keine Verbindung zu mythologischen Gruppen. Daß sie in der ganz auf Villenaustattung zugeschnittenen Ladung des Schiffes von Mahdia nicht vorkommen, mag Zufall sein. Wie die in hellenistischen Fürstenparks anzunehmenden Skulpturen aussahen, ist unbekannt. Die als Beispiel eines hellenistischen Parks immer wieder genannte Anlage von Rhodini auf Rhodos diente wohl hauptsächlich als Nekropole. Ob ein konkav geschwungenes Podium hier eine größere Skulpturengruppe trug, muß ebenso offenbleiben wie eine Datierung des ganzen Komplexes ins 2. Jahrhundert v. Chr. Von den bekannten, Naturfels nachahmenden Statuenbasen in Kamiros, Lindos und Delos lassen sich zwei in hochhellenistische Zeit datieren, doch trugen sie Einzelstatuen, keine Gruppen. Von den zahlreichen Statuen, die nach literarischer Überlieferung im 2. Jahrhundert v. Chr. aus Kriegsbeute in römischen Privatbesitz übergingen, werden manche auch in

[64] Zu diesem Absatz vergl. R. Neudecker, Die Skulpturenausstattung römischer Villen in Italien (1988) 5ff. 8. Die Schiffsfunde von Mahdia und Antikythera sind bei Neudecker merkwürdigerweise nicht erwähnt. Zu einer Villenausstattung der ersten Hälfte des 1. Jahrhunderts v. Chr. gehört zweifellos ein Großteil der Skulpturen von Fianello Sabino, von denen sich zwei Athletenstatuetten gut mit dem aufblickenden Jungen von Antikythera vergleichen lassen (NSc. 1951, 61 Abb 7. AA. 1957, 265f. Eine Studie über den Fund mit überzeugenden Datierungen hat Chr. Vorster vorbereitet). – Zu rhodischen ‚Parks', H. Lauter, Ant. K. 15, 1972, 49ff., mit reicherem Material M. Söldner, Untersuchungen zu liegenden Eroten in der hellenistischen und römischen Kunst (1986) 297ff. Verf., Über Hirtengenre in der antiken Kunst (1980) 92f. Verf., Mahdia und Antikythera in: (G.Hellenkemper-Salies u. A.) Das Wrack. Der antike Schiffsfund von Mahdia (1994) 849ff. W. Geominy, Die florentiner Niobiden (1984) 211ff.

Villen aufgestellt worden sein, von speziell für diesen Zweck angefertigten Skulpturen ist nirgendwo die Rede. Wenn die im Athena-Heiligtum von Pergamon gefundene Prometheusgruppe wirklich ein Vorläufer unserer Gattung sein sollte, was u.a. wegen der tafelbildartigen Anbringung unsicher ist, so würde sie jedenfalls für die Zeit um 140 v. Chr. noch wesentlich bescheidenere Ansprüche auf diesem Felde bezeugen. Das alles schließt nicht aus, daß reliefmäßige bzw. malerisch locker aufgestellte homerische Gruppen weit überlebensgroßen Formats, die epische Texte illustrieren, schon im späteren 2. Jahrhundert v. Chr. angefertigt wurden. Diese Annahme könnte allerdings nur durch Neufunde bestätigt werden (zu den Terrakottagruppen s. Anm. 63 und u. S. 43). Die Niobegruppe, die bereits an der Wende vom 4. zum 3. Jahrhundert v. Chr. entstand, wird man in diesem Zusammenhang natürlich allenfalls als Anregung geltend machen können. Die Mehransichtigkeit ihrer einzelnen Figuren, die sich zweifellos auch in der Aufstellung auswirkte, schließt eine Datierung in das ausgehende 2. Jahrhundert v. Chr. oder später aus. Sie illustriert auch nicht einen bestimmten literarischen Text, sondern hat wie die meisten älteren Gruppen mit dem Rohstoff des Mythos zu tun. Der ursprüngliche Zusammenhang ist nicht bekannt. Eine undatierte Niobidengruppe, die nur sehr kleinen Maßstab gehabt haben kann, sah Pausanias (1,21,3) in der Höhle über dem Dionysostheater in Athen. Niobiden, von denen man nicht wußte, ob sie Skopas oder Praxiteles zuzuschreiben seien, standen jedenfalls in römischer Zeit in einem Tempelbezirk, *in templo Apollinis Sosiani* (Plinius 36,28). Die Kaiserzeit verwendete Kopien der spätklassischen Gruppe dann als Gartendekoration.[65]

Von den Gruppen illustrativ-malerischer Richtung wie den Figuren von Antikythera, dem Palladionraub, der Skylla und dem Polyphem in Sperlonga, wird man die mehr monumental angelegten wie den Pasquino (Taf. 18–21), die Achill-Penthesilea-Gruppe (Taf. 24–25) und den farnesischen Stier trennen (doch vergl. die einschränkenden Beobachtungen im Exkurs zum Pasquino u. S. 60). Trotzdem zeigen sie die gleiche Annäherung an *bestimmte* Vorbilder der Flächenkunst im Gegensatz zur Typentradition im älteren Sinne.[66] Anscheinend fand dieser Vorgang also auch im Bereich der autonomen Denkmäler hellenistischer Weihgeschenktradition statt, wozu man den Pasquino

[65] H. Lavagne. Operosa Antra (1988) 602f., 658. Zur Datierung der Vorbilder s. W. Geominy vor. Anm. 64.

[66] Zur stilistischen Datierung des Pasquino Kell a. O. (Anm. 22) 79, meine Anm. 23 und Exkurs IV hier S. 60. Achill-Penthesileagruppe: Akten d. 13. Inter. Kongr. Berlin 1988 (1990) 385 Taf. 58, 1–2 (E. Berger). LIMC I 2 Achilleus 746. Nachtrag: S. jetzt E. Berger in: LIMC VII 1 296ff., bes. 303f und Exkurs III, hier S. 58.

und die Penthesileagruppe in ihrer ursprünglichen Funktion vielleicht rechnen könnte. Parallel dazu kam es zur Entstehung einer neuen, Ausstattungszwecken gewidmeten Gattung großformatiger mythologischer Gruppen. Bei der Dirkegruppe, die als ein deutlich eklektisches Werk vor der Mitte des 1. Jahrhunderts in Rhodos entstand, kann man schwanken, welcher Gattung man sie zurechnen möchte. Ihrer denkmalhaften Form nach zu urteilen, diente sie vielleicht noch in der Tradition hellenistischer Weihgeschenke.[67]

Ähnlich wie die homerischen Gestalten des Schiffes von Antikythera verhalten sich auch die Odysseusgruppen von Sperlonga zur älteren Überlieferung. Im Gegensatz zur hochhellenistischen Marsyasgruppe, in der ein komplexes dramatisches Geschehen in einem Zustand schwebender Spannung zusammengefaßt und aufgehoben ist, greift die Polyphemgruppe lediglich ein charakteristisches Erzählmoment aus einer Folge von gleichartigen, wie der vorhergehenden Weinreichung, heraus. Darin liegt auch der Unterschied zur scheinbar ähnlichen Galliergruppe Ludovisi, die zwar ebenfalls einen dramatischen Höhepunkt darstellt, aber einen solchen, in dem ein gewaltiges Geschehen – eine Schlacht, ein Krieg, der Untergang eines Volkes – gipfelt und endet, während die Gruppe in Sperlonga die gleichen Mittel an eine von mehreren Episoden wendet. Ganz ähnlich verhält es sich bei der ebenfalls illustrativ erzählenden Skyllagruppe, während Palladionraub und Bergung Achills bei grundsätzlicher Ähnlichkeit doch mehr im Sinne älterer Dramatik eine innere Spannung entfalten, was wahrscheinlich von den Vorlagen, am ehesten Werken der Flächenkunst in klassischer Tradition, vorgegeben war.

Auch später sind wahrscheinlich noch solche Gruppen entstanden. Das wäre jedenfalls beim vatikanischen Laokoon denkbar (Taf. 34), von dem es keine Repliken zu geben scheint und der, selbst wenn ein „Original" noch im 1. Jahrhundert v. Chr. entstanden sein sollte, doch schon strukturelle Merkmale der Kaiserzeit vorwegnimmt.[68] Erzählerisch setzt er die Tendenz der Polyphem- und der Skylla-Gruppe fort, überbietet sie aber insofern, als nicht mehr nur der spannende Höhepunkt eines dramatischen Geschehens, sondern zugleich die Kulmination eines Leidens wiedergegeben ist.

[67] Vergl. Anm. 59.

[68] Verf., Antike Kunst 34, 1991, 97ff. Den dort S. 98 erwähnten etruskischen Skarabäus (Taf. 35 a.b) halte ich inzwischen auch für echt. Falls die Deutung zutrifft, würde er also die Existenz einer in einigen Punkten vergleichbaren Laokoongruppe in der Flächenkunst schon vor dem 2. Jahrhundert v. Chr. bezeugen (4./3. Jahrhundert nach P. Zazoff). Furtwängler, Die antiken Gemmen zu seiner Taf. 64 nr. 30 erklärte den Stein für ‚so echt wie nur möglich' und datierte ihn ‚nicht später als 4. Jh. v. Chr.' (a. O. III 205). Die ikonographischen Anstöße (drei Schlangen, Nacktheit des Priesters) gingen dann auf das Konto etruskischer Entstellung des griechischen Vorbildes, wobei allerdings befremdet, daß die Nacktheit Laokoons in der vatikanischen Gruppe wiederkehrt. S. den Exkurs II, hier S. 56.

Mit homerischen Gruppen, die berühmte Stellen aus klassischer Dichtung aufriefen und in virtuoser Weise Flächenkunst in Rundplastik umsetzten, konnte der römische Villenbesitzer seine Bildung und seinen Geschmack ins rechte Licht rücken. Das schließt natürlich nicht aus, daß einzelne dieser Werke, wie die Laokoongruppe im Kaiserpalast, durch den Aufstellungsort eine gesteigerte inhaltliche Bedeutung erhielten.

Wer an der Annahme monumentaler hochhellenistischer Bronzeoriginale festhält, könnte vielleicht die Ableitung von älteren Werken der Flächenkunst grundsätzlich einräumen, den Prozeß der Umsetzung in Plastik jedoch bereits in das frühe 2. Jahrhundert v. Chr. verlegen wollen.[69] Verbindungen zwischen beiden Genera bestehen in allen Epochen, und auch in der Klassik bzw. im früheren Hellenismus stehen großplastische Gruppen in alten ikonographischen Traditionen. Hier sind aber zumindest gradweise Unterschiede zu beachten (Anm. 5). In den Gruppen von Sperlonga, besonders deutlich bei Polyphem und Skylla, werden nicht nur die Grundzüge einer dauernd in Fluß befindlichen typologischen Überlieferung wiederholt, wie das z. B. für frühklassische Theseusgruppen anzunehmen ist. Vielmehr benutzen sie fertige Versatzstücke, die typologisch in der Flächenkunst zu Hause sind, um mit ihnen Kompositionen nachzubauen, die ebenfalls schon in anderen Gattungen entwickelt worden waren. Dieser Unterschied allein ist noch kein datierendes Merkmal, und wer das geschilderte eklektische Verfahren mit den klassischen Zitaten im Großen Fries oder der hochhellenistischen Rundplastik auf eine Stufe stellt, dürfte schwer zu widerlegen sein. Eine hochhellenistische Datierung der Vorbilder, die in den Gruppen von Sperlonga kopiert werden, führt jedoch noch andere gravierende Schwierigkeiten mit sich. Sie müßte nicht nur den strukturellen und stilistischen Befund plausibel machen, der von Werken der ersten Hälfte des 2. Jahrhunderts v. Chr. deutlich abweicht. Vielmehr wäre auch zu erklären, weshalb in der Kleinkunst nur die Wiedergaben seit dem 1. Jahrhundert v. Chr. den Gruppen genau entsprechen, nicht aber die hellenistischen, die in einem lockereren Verhältnis zu ihnen stehen. Schließlich wäre zu begründen, weshalb gerade in diesen Gruppen einige Figuren verwendet werden, die immer wieder in eklektische Zusammenhänge führen. Selbst wenn dies alles befriedigend geleistet werden sollte, bliebe es bei der Feststellung, daß sich mindestens zwei der Gruppen von Sperlonga durch ihre Nähe zur fortlaufenden Textillustration und zur Kleinkunst von der einzigen, wegen ihres dramatischen Erzählcharakters wirklich vergleichbaren mythologischen

69 Lediglich im technischen Sinne ist dies bei der Terrakottagruppe des mittleren 2. Jahrhunderts v. Chr. aus Tortoreto der Fall, die auf einheimische Tradition zurückgeht (Anm. 63).

Gruppe des Hochhellenismus, der Marsyas-Gruppe, grundsätzlich unterscheiden.

Die Frage nach den Vorbildern, um auf diese noch einmal zurückzukommen, läßt sich nicht pauschal beantworten. Hier, wo es lediglich darum ging, scheinbare Beweisstücke für die Existenz hochhellenistischer Gruppen auszuscheiden, kann dieses komplexe Problem auch nicht annähernd angemessen behandelt werden. Vielleicht sind aber einige Bemerkungen darüber angebracht, weshalb schnelle und unmittelbare Antworten in dieser Frage nicht erwartet werden dürfen. Die Werke der Kleinkunst, die hier untersucht wurden, bezeugen die Existenz von Bildformeln und vorgeprägten Typen, die auch von den großplastischen Gruppen verwendet werden. Und zwar nicht im Sinne einer ständig in Fluß befindlichen Typentradition, sondern als fertige Versatzstücke, die ihren Zusammenhängen lediglich angepaßt werden. Die Suche nach *dem* Original, das diese Bildelemente erstmalig in sich vereinigte, gestaltet sich außerordentlich frustrierend. In einer späteren Epoche, bei den kaiserzeitlichen Sarkophagen, muß man sogar zu dem Schluß kommen, daß es *das* Original als Prototyp wahrscheinlich gar nicht gegeben hat, daß vielmehr schon der erste Sarkophag mit z.B. Niobidensage oder Gallierkämpfen aus Figuren von „Musterbüchern“ (selbst wieder ein hypothetischer Begriff) zusammengesetzt wurde, die schon beim zweiten Exemplar mit anderer Auswahl und in anderer Anordnung auftraten.[70] Welche Möglichkeiten der Hellenismus in dieser Hinsicht hatte, ist noch weitgehend unerforscht. Figurenkontamination findet sich als Verfahren schon bei strengen Terrakotten und spätklassischen Spiegelkapseln und ist – wie allein schon das Beispiel der calenischen Omphalosschale zeigte – auch in der hellenistischen Toreutik gang und gäbe. Typentradition im Sinne lebendiger Weiterentwicklung besteht im Hellenismus aber auch weiter neben eigentlichen Kopien bzw. in Einzelheiten veränderten Varianten. Zwischen beiden Polen gibt es vielfache Abstufungen und Annäherungen. Die eklektische Verwendung einmaliger fertiger Figuren in neuen Zusammenhängen, denen sie lediglich angepaßt werden, ist von Typentradition nicht immer eindeutig zu trennen. Trotzdem muß man um diese Unterscheidungen ständig bemüht sein, wenn es nicht zu einem formlosen, das Charakteristische verschleiernden Durcheinander kommen soll.

70 Insofern fehlt z. B. den Bemühungen von B. Andreae, mit Hilfe römischer Schlachtsarkophage ein pergamenisches Schlachtengemälde womöglich des Phyromachos zu rekonstruieren, die Grundlage: Ders., Motivgeschichtliche Untersuchungen zu den römischen Schlachtsarkophagen (1956) 74–83 und in: Laokoon und die Kunst von Pergamon (1991) 79 ff.

Geht man unter diesen Prämissen zu den einzelnen Gattungen, so bleiben Schwierigkeiten genug. Im Falle der Blendungsszene bot sich fortlaufende Illustration als Quelle an, wie sie von den homerischen Bechern bekannt und für Buchillustration vorauszusetzen ist. Beide Gattungen kommen als direkte Vorbilder jedoch nicht infrage, da sie ikonographisch abgeleitet und technisch skizzenhaft sind. Nun besitzen wir im Telephosfries glücklicherweise auch ein großformatiges Werk fortlaufender Erzählung, das jedoch nicht im entferntesten den Schematismus der beiden Polyphemgruppen aufweist. Die unmittelbare Umsetzung eines größeren Tafelbildes oder dergleichen ist auch schon deshalb unwahrscheinlich, weil die eklektische Wiederholung der Gefährten sowohl in Haltung wie Kopftypus bei einer solchen Vorlage kaum anzunehmen ist.

Wahrscheinlich sind also verschiedene Faktoren zu unterscheiden, die bei der Umsetzung zusammenkommen: die Idee der fortlaufenden Illustration in der Buchrolle bzw. der Kleinkunst, die großformatige Gestaltung in Gemälden bzw. Reliefs und schließlich der Nachbau einzelner Gruppen mit bestimmten Figurentypen. Diese Figurentypen werden bereits in der fortlaufenden Illustration verwendet, sind dort aber nicht ursprünglich zu Hause, sondern stammen aus der monumentalen Malerei oder Plastik (Anm. 24). Die Frage, welche Faktoren jeweils die größere Rolle spielen, wird bei den einzelnen Gruppen verschieden beantwortet werden müssen. Angesichts der kompositionellen Geschlossenheit von Palladionraub und Pasquino würde man bestimmte Gemälde als Vorbilder für denkbar halten; aber auch in diesen Fällen sind dann eklektische Züge wie das Nebeneinander der beiden Odysseustypen in der Palladiongruppe schwer erklärbar. Bei der Skylla von Sperlonga drängen die Miniaturen eine malerische Vorlage geradezu auf, aber auch hier kann es sich nicht um die „Kopie“ einer originalen, einheitlichen Schöpfung in einem anderen Medium handeln. Die Vorlage arrangierte jedenfalls die Bildelemente der älteren Tradition zu einem neuen Ganzen, war also selbst schon ein Werk eklektischer Richtung. Die Gruppe von Sperlonga, bzw. ihr Original, mußte sich durch die Umsetzung in die dritte Dimension und den Einbau plastischer Versatzstücke, wie sie auch hier anzunehmen sind, von der malerischen Vorlage entfernen. Das Ergebnis läuft aber wieder auf das gleiche Klischee hinaus. Angesichts dieses Verwirrspiels, bei dem schon die Vorbilder den Charakter von Kontaminationen haben, ist es fast aussichtslos, ein bestimmtes frühhellenistisches Meisterwerk als Archetypus einer Gruppe zu ermitteln. Andererseits kann man sich nicht vorstellen, daß unsere Figurentypen isoliert erfunden wurden, womit man Musterbücher an den Anfang der Tradition setzen würde, vielmehr müssen sie in szenischen Zusammenhängen entwickelt worden sein. Wenn diese ursprünglichen Zusammenhänge in unserer Überlieferung nicht festere Konturen gewinnen, so ist das wahrscheinlich dadurch bedingt, daß die Darstellungen beim Übergang in eine neue Gattung aufgelöst bzw. zusammengezogen wurden. Aus einem Tafelbild z. B., das die Figuren möglicherweise locker gestreut in einer landschaftlichen Umgebung zeigte, wählte man nur einzelne bedeutende Figuren oder Gruppen aus, um sie in anderen Gattungen, z. B. der Toreutik oder Glyptik, weiterzuverwenden. Die großplastischen Gruppen griffen dann nicht auf die Originale, sondern auf diese Auszüge zurück, die ihnen in Bezug auf Vereinfachung und Konzentration schon vorgearbeitet hatten.

Die Datierung der Originale der Gruppen von Sperlonga würde den Rahmen dieser Betrachtungen bei weitem sprengen, da sie umfangreiche typologische und stilistische Vorarbeiten zu den einzelnen Werken voraussetzt. Hier können nur einige allgemeinere Überlegungen Platz finden, mit denen wir an frühere Beobachtungen anknüpfen (s. o. S. 34). Annähernd datierbare Entsprechungen haben die Gruppen in den Marmorfiguren homerischer Helden im Schiffsfund von Antikythera, mit dem sie durch verwandte Figurentypen, durch das Material sowie durch das übereinstimmende Format von etwas über zwei Meter verbunden sind.[71] Auf diese Verbindung hat schon P.C. Bol in seiner ausgezeichneten Analyse hingewiesen; doch hat das merkwürdigerweise in der ausgedehnten Diskussion über Sperlonga weiter keine Rolle mehr gespielt. Ebenso machte Bol bereits deutlich, daß die Gruppen nicht lange vor der Katastrophe des Schiffes entstanden sein können. Er schlägt dafür das 1. Jahrzehnt des 1. Jahrhunderts v. Chr. vor, was sicher so genau nicht beweisbar ist. Es ist anzunehmen, daß die serienmäßig gefertigten Figuren, die man vielleicht zu variablen Szenen zusammenstellen konnte, ähnlich wie die bekannten marmornen Prunkkratere und Kandelaber und wie der in Antium gefundene Fechter Borghese für römische Ausstattungszwecke, also wohl hauptsächlich für Villen und Paläste bestimmt waren. Tatsächlich ist die Gattung im Osten bis in die frühe Kaiserzeit hinein nur durch ein schwer datierbares Kopffragment in Rhodos bezeugt.[72] Italische Vorläufer aus Terrakotta in der Tradition einheimischer Architekturplastik hatten sie in dieser Funktion vielleicht schon

[71] Bol a. O. (Anm. 37). Der Weinschlauchträger der Polyphemgruppe Sperlonga ist 2,04 m hoch (in der Vertikale, in derDiagonale 2,21 m), die beiden Odysseusfiguren von Antikythera 2,10 m (Bol Taf. 48) und 2,03 m (Bol Taf. 44). In den zahlreichen Arbeiten Andreaes über die Gruppen von Sperlonga wird der Fund von Antikythera kaum berücksichtigt.

[72] RM. 76, 1969 Taf. 55, 1 (Reliefkopf eines Satyrn. Vergl. Anm. 91). Die pergamenische Prometheusgruppe und die nicht sicher mythologisch zu deutende Statuettengruppe in Kos (H. Temporini), Aufstieg und Niedergang der römischen Welt I 4 (1973) 620f Taf. 52 (W. Fuchs) wird man wegen Gattungs- bzw. Größenunterschieden nur bedingt in unseren Zusammenhang bringen.

seit dem mittleren 2. Jahrhundert v. Chr. im Einflußbereich der etruskischen Kunst. Es handelt sich dabei bezeichnenderweise um Polyphemgruppen, von denen die eine aus Tortoreto in das mittlere 2. Jahrhundert datiert wird, während die andere aus Colle Cesarano (Taf. 40) später zu sein scheint (Anm. 63). Bei den Fragmenten von Tortoreto ist es ganz deutlich, daß die Figuren ein flächig-reliefmäßiges Ensemble in der Art von Giebelgruppen bildeten. Der Bezug zur Flächenkunst wird auch durch typologisch verwandte Reliefs auf Urnen bestätigt. Der denkbare Versuch, die Terrakottafiguren etruskischer Tradition auf hellenistische Freiplastik, etwa große Bronzegruppen im Osten zurückzuführen, wäre deshalb mit Skepsis zu betrachten.[73] Wie die Ausstattung der in der Literatur gelegentlich erwähnten hellenistischen Fürstenparks aussah, ist unbekannt (Anm. 64). Jedenfalls wird es sich nicht um serienmäßig hergestellte, austauschbare Figuren in der Art der Helden von Antikythera gehandelt haben. Ob sie bereits kolossales Format hatten, ist ebenso offen wie die Frage, ob man Figurentypen schon aus fortlaufenden Bilderzählungen wählte. Sicher darf man davon ausgehen, daß sie den jeweiligen Zeitstil widerspiegelten.

Kehren wir zu den Gruppen von Antikythera und Sperlonga zurück. Bol hielt es für möglich, daß die Vorbilder der letzteren älter seien, womit er allerdings nicht hochbarocke Kolosse der Altarzeit, sondern unmittelbare Vorstufen meinte, die dann im späten 2. Jahrhundert anzusetzen wären.[74] Daß ein solcher Zusammenhang wenigstens teilweise besteht, wird durch die oben genannten Verbindungen nahegelegt. Allerdings wollte Bol nur eine Tendenz bezeichnen, denn angesichts der großen Unterschiede der Gruppen von Sperlonga unter sich in kompositioneller und typologischer Hinsicht, im Ganzen wie im Detail, läßt sich eine pauschale Lösung des Problems nicht erwarten. Auf einem ähnlichen Wege befand sich auch schon H. Lauter, wenn er die Gruppen von Sperlonga mit den Galliern von Delos verglich (RM. 76, 1969, 162–173). Allerdings wird man ihm weder bei der Annahme, die Skulpturen von Sperlonga seien Originale aus dieser Zeit, noch bei der Datierung um 125 v. Chr. folgen wollen. Sie erscheint selbst für die Gallier etwas früh, für die Originale der Gruppen von Sperlonga trifft sie sicher nicht mehr zu.

Die Vergleichsmöglichkeiten zwischen den Figuren von Antikythera und Sperlonga sind eingeschränkt, nicht nur durch die starke Zerstörung der ersteren, sondern auch durch den verschiedenen Aufbau. Die homerischen Helden von Antikythera scheinen sämtlich in reliefmäßigen, aneinanderreihenden Zu-

[73] Anders Andreae, Odysseus a. O. 89, der die Gruppe auf einen Giebel des 1. Jahrhunderts v. Chr. bezieht. Vergl. Anm. 63.

[74] Bol a. O. 105 f.

sammenhängen gestanden zu haben, wie es in Sperlonga nur bei der Palladionraubgruppe der Fall ist. In ihrem Kontext entwickeln die Figuren des Schiffsfundes aber anscheinend eine größere räumliche Dynamik. Das glaubt man jedenfalls bei dem ‚Berserker' (Bol Taf. 49) im Vergleich zu den flacheren, akademisch wirkenden Gefährten der Blendungsgruppe in Sperlonga zu sehen, obwohl ersterer gegenüber dem motivisch verwandten Fechter Borghese auch schon eine stärkere Schematisierung im klassizistischen Sinne aufweist. Der Behelmte des Schiffsfundes, den Bol auch den homerischen Gruppen zurechnen wollte, erscheint fast noch rein späthellenistisch.[75]

Das Bild ist also widersprüchlich und das braucht bei dem eklektischen Charakter der Figuren auch nicht zu verwundern. Wenig weiter gelangt man mit der Bestimmung der Einzelformen und der damit verbundenen Reminiszenzen, wie wir es oben im Falle der Polyphemgruppe schon angedeutet haben, wo uns der Kopf des Weinschlauchträgers und der des Odysseus Vorbilder verschiedener Epochen zu reflektieren schienen (Anm. 32). Immerhin hilft eine solche Betrachtung, hochhellenistische Daten auszuschließen. Ein lehrreiches Beispiel in dieser Hinsicht ist die jüngere Marsyasgruppe Typus Leptis, deren Bedeutung erst M. Flashar erkannt hat. Hier ist eine Datierung in späthellenistische Zeit zwingend schon durch den verwendeten Apollontypus gegeben, der aus ikonographischen Gründen nicht früher sein kann.[76] Der Marsyas hingegen, der den Silen mit dem Dionysosknaben reflektiert, und die sitzende Muse sind klassizistisch entspannte und geschönte Nachahmungen frühhellenistischer Vorbilder. Elemente des späten 4./frühen 3. Jahrhunderts begegnen in Sperlonga in den Torsen bzw. dem besser erhaltenen Kopf des Gefährten in der Skyllagruppe sowie im Achilleus des Pasquino.[77] Auf das späte 3. Jahrhundert weist der der Polyphemgruppe zugeschriebene vatikanische Kopf aus Tivoli AP XIV Taf. 53, ähnlich, aber bereits stärker aufgelöst ist der Londoner Kopf des Weinschlauchträgers, der in der Replik in Sperlonga vollends aus den Fugen gerät (Taf. 7).

Hochhellenistische Züge spielen keineswegs eine so große Rolle, wie Verteidiger einer entsprechenden Datierung meinen. Der malerisch weiche, trotz allem Pathos harmonisch geschönte Kopf des Aias in der Pasquinogruppe erweist sich gegenüber kompakten Bildungen wie dem Kopf des Nereus im

[75] Bol a. O. T. 50, 1–3.

[76] M. Flashar, Apollon Kitharodos (1992) Abb. 137–152. Vergl. E. Künzel in: Archäol. Korr. Blatt 6, 1976, 36.

[77] Details Antike Plastik XIV Conticello Taf. 25, 27. Bieber, The Sculpture of the Hellenistic Age[2] (1961, 1967) Abb. 276. Schweitzer, Das Original der sogenannten Pasquinogruppe (1936) 153 Abb. 80 a.c.d. AP XIV Andreae Textabb. 67–71.

Großen Fries, dem pergamenischen Herakles und auch noch dem Poseidon von Melos als deutlich klassizistisch.[78] Dasselbe gilt von den Körperformen, verglichen mit hochhellenistischen Werken. Den Kopf des Diomedes mit seinen kalligraphisch beschwingten Locken hätte wohl auch niemand in die Altarzeit datiert (in die schweren Formen des Untergesichts könnte 3. Jahrhundert hineinwirken; man denke an den bartlosen Barbarenkopf im Konservatorenpalast, Bieber, Sculpture of the Hellenistic Age², Abb. 428). Eigentlich ist es nur der Kopf des Steuermanns in der Skyllagruppe, der an Hochhellenistisches erinnert, wobei allerdings die akademische Verflachung auch nicht zu übersehen ist. Bei dem Odysseus der Polyphemgruppe führen das lockere Karnat und das wie Schaum zerstiebende Haar weit weg von der Massigkeit der älteren Epoche und lassen eher an Späthellenistisches denken. Zu dem verwandten, vermutlich aus der gleichen Werkstatt stammenden Kentaurenkopf im Konservatorenpalast s. Exkurs V S. 63ff.

Für eine genauere zeitliche Eingrenzung helfen diese Beobachtungen auch nicht viel, verstärken aber im Verein mit den Gruppen von Antikythera und der jüngeren Marsyasgruppe den Eindruck, daß wir uns mit den Originalen von Sperlonga in dem Zeitraum zwischen dem späteren 2. und dem mittleren 1. Jahrhundert bewegen (s.u.) Mit einiger Sicherheit kann man das von den planschenden Satyrknäblein in Sperlonga sagen, die bekanntlich im Fund von Mahdia Repliken haben.[79] Hier handelt es sich offenbar um zeitgenössische, im Vergleich zur übrigen Ladung stilistisch fortgeschrittene Werke, die mit ihren feisten und stockigen Formen schon auf den aufblickenden Knaben von Antikythera hinführen. In diesem Falle sind die Originale zu Figuren in Sperlonga also offensichtlich kurz nach 100 v. Chr. zu finden.

Gegenüber der Marsyasgruppe Leptis und dem Fechter Borghese, bei denen der Habitus noch stark von frühhellenistischen Zügen bestimmt wird, scheint die klassizistische Schönung bei den homerischen Gruppen von Antikythera und Sperlonga weiter fortgeschritten. Aber das ist zu vage, um daraus einen festen chronologischen Anhalt zu gewinnen. Sie scheinen aber nicht später zu sein als der Toro Farnese, der am ehesten in caesarischer Zeit entstanden ist.[80] Der Laokoon wäre typologisch ebenfalls noch in der ersten Hälfte des 1. Jahrhunderts v. Chr. denkbar (Anm. 91), doch weist die vatikanische Gruppe deutlich strukturelle Merkmale der Kaiserzeit auf.[81] Entweder erfuhr

[78] H. Kähler, Der große Fries von Pergamon (1948) Taf. 56, l. M. Bieber, The Sculpture of the Hellenistic Age² (1961, 1967) Abb. 476. J. J. Pollitt, Art in the Hellenistic Age (1986) Abb. 290.

[79] Zuletzt Andreae in: (G. Hellenkemper Salies), Das Wrack. Der antike Schiffsfund von Mahdia (1994) 365 ff., mit Datierung des Vorbilds in die erste Hälfte des 2. Jahrhunderts v. Chr.

[80] Vergl. Anm. 59. Eine nähere Begründung dieses Ansatzes werde ich an anderer Stelle vorlegen.

[81] Vergl. Verf., Antike Kunst. 34, 1991, 97–115.

also ein Vorbild beim ‚Kopieren' starke Veränderungen oder die Gruppe ist vielleicht doch erst von rhodischen Meistern als eklektisches ‚Original' geschaffen worden.

Zum Schluß noch einige weitere Bemerkungen zum Laokoon (Taf. 34). Die Annahme, er sei die Kopie eines hochhellenistischen Vorbilds, stützt sich auf die scheinbare stilistische Ähnlichkeit mit dem Großen Fries von Pergamon und das ebenso scheinbare Echo eines etruskischen Skarabäus (Taf. 35 a.b), der anscheinend auch die Bestrafung Laokoons und seiner Kinder wiedergibt (Anm. 68). Er wurde um 130 v. Chr. angesetzt, um damit die Existenz der großplastischen Gruppe vor diesem Datum zu beweisen. Auch in diesem Falle erwies sich die Argumentation jedoch als trügerisch, denn diese Gemme war aus guten Gründen immer um 300 v.Chr., also 170 Jahre früher, angesetzt worden. An dieser Datierung braucht auch heute nicht gerüttelt zu werden (s. den Exkurs II, hier S. 56f.). Sie scheint vielmehr umgekehrt die viel frühere Existenz einer Ikonographie zu beweisen, die in der Flächenkunst zu Hause ist und die zwei wesentliche Merkmale der späteren Gruppe, nämlich die Anordnung und die Nacktheit aller Figuren, vorwegnahm.

Trotz dieser verfehlten Grundlage ist darauf eine weitläufige historische Hypothese errichtet worden.[82] Das angeblich aus Bronze bestehende Original des Laokoon sei von den Pergamenern 139 v. Chr. anläßlich eines Besuches des Scipio Aemilianus errichtet worden, um den Zerstörer Karthagos milde zu stimmen. Pergamon als Erbe und Nachfolger Trojas habe damit an die trojanischen Ursprünge Roms und an das Schicksal zerstörter Städte erinnern wollen. Für diese Vermutungen gibt es keine historischen Zeugnisse, sie stehen sogar teilweise im Widerspruch zu dem, was über die Verhältnisse der Zeit bekannt ist.[83] So pilgerten die Römer, wenn sie sich ihrer trojanischen Herkunft erinnern wollten, natürlich nicht nach Pergamon, sondern nach Ilion in der Troas, das zwar zeitweise auf pergamenischem Gebiet lag, dies aber als autonome Stadt und Zentrum eines Städtebundes. Weder war es Teil der Monarchie, noch stand es unter deren Oberherrschaft (Chr. Habicht). Die pergamenische Dynastie der Attaliden hat immer ihre griechischen Ursprünge hervorgehoben. Von ihrem Stammvater Telephos gab es eine Sagenversion, die ihn nach Troja verpflanzte; trotzdem stellten sie am Großen Altar betont seine griechische Herkunft dar. Durch dynastische Heiraten in Kleinasien wird er zwar ein Verwandter der trojanischen Könige, aber weder deren Nachfolger

[82] Andreae, Laokoon und die Gründung Roms.

[83] Sollte Ovid fast. IV 265ff wirklich meinen, daß ‚Attalos' sich für einen Phryger gehalten habe, so wäre das so unhistorisch wie seine ganze Erzählung von der Übertragung der Kybele nach Rom (s. Bömers Kommentar zu IV 247ff.).

noch ihr Erbe. Der vorletzte oder letzte Attalos ließ sich in einer erhaltenen mythologischen Gruppe als Herakles wiedergeben. In der Zeit, in der angeblich das Original des Laokoon aufgestellt worden sein soll, redet ein bekannter Dichter den herrschenden Attaliden als Nachkommen des Herakles und des einheimischen Königs Teuthras an (Nikander von Kolophon). Bei den zahllosen, kulturpolitisch motivierten Stiftungen in Kleinasien und vor allem in Griechenland, die wir aus vielen Inschriften kennen, ist von einer Nachfolge Trojas anscheinend keine Rede. Die Pergamener selbst fühlten sich als Nachkommen der Arkader in der Peloponnes und nahmen in diesem Sinne die Bewohner von Tegea in ihr Bürgerrecht auf (Inschr. von Pergamon I nr. 156). Selbst in der römischen Kaiserzeit bestimmen diese genealogischen Vorstellungen das Selbstverständnis der Pergamener; von trojanischen Vorfahren ist nicht die Rede (T. S. Scheer).

Ebenso gravierende Schwierigkeiten kommen von einer anderen Seite. Der Laokoon wird bekanntlich erst im 1. Jahrhundert n. Chr. als zeitgenössisches Auftragswerk dreier rhodischer, nicht etwa pergamenischer Künstler erwähnt.[84] Er stand im Palast des Thronfolgers Titus, für den die Gruppe vielleicht ein Werk mit politischer Botschaft war. Daß es sich um eine Kopie handelt, läßt sich grundsätzlich nicht ausschließen, da die Werkstatt nach Ausweis von Sperlonga offensichtlich in großem Umfange kopierte. Ältere Bildquellen, die als Vorlage für eine eklektische Neuschöpfung dienten, muß man beim Laokoon jedenfalls annehmen und sind auch erkennbar. Tatsache ist aber, daß unser Gewährsmann, der bestens informierte Polyhistor Plinius d. Ä., nichts von einem berühmten Original in Pergamon weiß, das dazu noch für einen prominenten Römer errichtet worden sein soll. Es ist auch nicht verständlich, daß er eine bloße Kopie als größtes Meisterwerk gefeiert hätte. Wenn wir die Gruppe als eklektisch bezeichnen, so ist dies nicht – wie manchmal unterstellt wird – ein abwertendes Qualitätsurteil. Im Gegenteil bewegen sich gerade die Höchstleistungen der Zeit in diesem Bereich, wie nicht zuletzt der Laokoon und sein Bewunderer Plinius zeigen.

Kommen wir zu den kunstgeschichtlichen Gesichtspunkten, die in eine ganz andere Richtung weisen. Beim Laokoon gibt es nicht wenige strukturelle, stilistische und auch ikonographische Züge, die es ganz unmöglich machen, darin die Kopie eines Bronzeoriginals aus dem mittleren 2. Jahrhundert v. Chr. zu erkennen. Ich erwähne in formaler Hinsicht nur die ‚einansichtige', umrißbetonte Ausbreitung der Figuren, die in größtem Gegensatz zu den raumschaffenden Kompositionen des Hellenismus steht (Antike Kunst 34, 1991, 111ff). Ikonographisch ist das Mißverhältnis zwischen dem riesigen Vater und den

[84] Plinius n. h. 36, 37.

winzigen Söhnen auffällig, die doch offenbar schon als halbwegs erwachsen zu denken sind (dazu s. u. S. 52). Auch eklektische Züge sind seit langem bekannt. Allgemein wird angenommen, daß der ältere Sohn den Sandalenbinder Lysipps, der jüngere die Figur des toten Jungen aus der Florentiner Niobidengruppe verwendet. Bei dieser Gruppe ebenso wie beim Sandalenbinder handelt es sich nicht um hellenistische, sondern um klassische Werke, also Vorlagen aus weit zurückliegender Zeit. Im Laokoon sind sie verbunden mit einem Vorbild aus der hellenistischen Epoche, das eine lange Tradition hat und das wir auch vom Großen Altar in Pergamon kennen: der jugendliche Gigant Alkyoneus, der sich ähnlich aufbäumt wie Laokoon, ähnlich den rechten Arm anwinkelt und ähnlich pathetisch den Kopf zurückwirft. Auf dem Relief ist dies konkret durch den Griff der Athena verursacht, während das Motiv beim Laokoon lediglich formal begründet ist: Es soll ein Gegengewicht zu dem starken Diagonalzug nach links bilden. Diese Abhängigkeiten sind, wie gesagt, immer gesehen worden. Es geht auch nicht an, wie die Kopienhypothese will, sie als zeitgenössische Einflüsse auf ein hellenistisches Bronzeoriginal zu interpretieren; vielmehr handelt es sich um die Kombination zeitlich weit auseinanderliegender Vorbilder, also um ein typisch eklektisches Verfahren. Wie ich hier nicht ausführen kann, ist es grundsätzlich zu unterscheiden von klassischen Zitaten in der älteren Kunstgeschichte, wie sie z.B. am Großen Fries in Pergamon vorkommen.

Nicht weniger markant als die genannten sind die *stilistischen* Unterschiede zwischen dem Laokoon und dem pergamenischen ‚Barock', wie vor mehr als hundert Jahren schon R. Kekulé gesehen hat. Vergleicht man einen motivisch ähnlichen Kopf vom Großen Altar, dem er nachempfunden sein könnte, so zeigen sich diese Unterschiede deutlich genug.[85] Bei dem hellenistischen Kopf sind Gesicht und Haare klar getrennt, er hat einen plastischen Kern. Beim Laokoon hingegen gehen weiche Hautwülste in die Bartsträhnen über, das Ganze ist eine weiche, beliebig verformbare tonige Masse, in der auch die Knochen keinen Widerstand leisten. Unübersehbar ist auch der Unterschied im Ausdruck. Der Gigant zeigt bei allem Pathos noch Distanz und Würde, während Laokoon sich hemmungslos seinem Schmerz ergibt, in Schmerz sozusagen zerfließt.

Ich kann diesen Betrachtungen hier nicht weiter nachgehen, sondern fasse zusammen: Unsere Untersuchungen ließen erhebliche Zweifel an der Annahme entstehen, daß die Gruppen von Sperlonga und der Laokoon Kopien nach hochhellenistischen Bronzeoriginalen der pergamenischen bzw. der rhodischen Kunst sind. Die Werke der Kleinkunst, die deren Existenz beweisen

[85] H. Kähler a. O. Taf. 55,2.

sollten, können diesen Dienst nicht leisten. Sie sind vielmehr z. T. bedeutend älter und bezeugen entsprechende Traditionen in der Flächenkunst, an die die plastischen Gruppen anknüpfen. Bevor aber die Datierung in die Jahrzehnte 180–140 v. Chr. nicht gesichert ist – und dagegen spricht viel –, sind alle historischen Kombinationen ohne Grundlage. Es gibt keine historische Quelle, die eine der genannten Gruppen oder verwandte Schöpfungen mit Ereignissen der fraglichen Zeit in Verbindung brächte.[86] Literarische Erwähnungen und sichere bildliche Nachklänge finden sich erst seit dem 1. Jahrhundert v. Chr. und manches weist darauf, daß die originalen Vorbilder der Gruppen von Sperlonga erst seit dieser Zeit bzw. seit dem späten 2. Jahrhundert v. Chr. entstanden sind. Damals arbeiteten im griechischen Osten, aber auch in Rom selbst Bildhauer, deren Ruhm noch Plinius geläufig war und deren Werke man ebenso kopierte wie Statuen der griechischen Klassik.[87] Die Kunst der beiden Generationen vor Augustus bewegte sich nicht nur in Formen des Strengen Stils und der Hochklassik, sondern gab auch die hellenistische Tradition nicht auf, aus der sie entstand. Rückgriffe auf Frühhellenistisches sind ebenso erkennbar wie solche auf Hoch- und Späthellenismus. Das beweisen Werke wie der Hercules von Alba Fucens, der Borghesische Fechter, wie mehrere Figuren aus den Funden von Antikythera und Fianello Sabino, die Drei-Graziengruppe sowie die Gewandstatue eines Kleomenes in Piacenza. Mit Einschränkung gilt dies auch für den melancholischen Aias des Atheners Apollonios, der in caesarischer Zeit ein Vorbild der Flächenkunst in Plastik umsetzt, indem er frühhellenistische Komposition mit parthenonischen Formen verbindet.[88] In der

[86] Keine der von Andreae vorgetragenen Kombinationen ist historisch überliefert.

[87] G. Lippold, Die Griechische Plastik (1950) 379ff. Hercules von Alba Fucens EAA Suppl. 1970 s. v. Alba Fucente mit Farbtafel. H.G. Martin, Römische Tempelkultbilder (1987) 162 ff., 225 ff. Kat. Nr. 10 Tf. 23–24. – Zeitgenössische Werke (d. h. 1. Hälfte 1. Jahrhundert v. Chr.) hoch- und späthellenistischer Richtung im Fund von Antikythera Bol a. O. Tf. 36 nr. 44; 37 nr. 43; 41 nr. 30; 50 nr. 31. Auf Frühhellenistisches reflektiert der Aufblickende Tf. 38 ff. nr. 25. Arbeiten hellenistischer Tradition im Fund von Fianello Sabino, in dem Skulpturen einer Villenausstattung von ca. 80–40 v. Chr. enthalten sind, NSc. 1951, 55ff Abb. 7: zweite Reihe von unten die drei Figuren rechts (Mänade, Attis, Silen). Die jugendlichen Athleten a. O. dieselbe Reihe links und Reihe darüber Mitte = AA 1957, 266 Abb. 65 sind dem Aufblickenden von Antikythera zeitstilistisch eng verwandt (Photos und Hinweise verdanke ich Chr. Vorster, die diese Skulpturen bearbeitet). – Drei Graziengruppe vergl. K. Kell (Anm. 22) 102 ff. – Gewandstatue eines Kleomenes in Piacenza JdI. 56, 1941, 151 = EAA IV 369 Abb. 436. Die mit Wahrscheinlichkeit dem Pompeiustheater (61–55 v. Chr.) zugeschriebenen Kolossalstatuen von Apollon und Musen reproduzieren hellenistische Statuentypen und verwenden Mittel hochhellenistischer (pergamenischer) Stoffcharakterisierung, lassen aber in ihrer Erstarrung, die eine Entsprechung zum Klassizismus ist, kein hellenistisches Körper- und Gewandleben mehr aufkommen: RM. 89, 1982, 69 ff Tf. 21 ff (M. Fuchs).

[88] Durch die Bronze Ortiz wird der Torso jetzt als melancholischer Aias erwiesen (s. Nachtrag) und läßt sich damit in eine größere Überlieferung stellen, die ähnliche Merkmale aufweist wie die des Pasquino. Die Gemme in Florenz W. Martini, Die etruskische Ringsteinglyptik (1971)

Gattung des Porträts bewahrt der Caesar Typus Turin noch einen ganz hellenistischen Habitus. Die *monumenta* des Asinius Pollio (Plin. 36,33) stammten teils von berühmten spätklassischen, teils aber auch von zeitgenössischen Meistern, und diese müssen nach der Beschreibung noch Statuen vorwiegend späthellenistischen Charakters enthalten haben (von Nymphen gerittene Kentauren des Arkesilas, Hermeroten des Tauriskos). Dies gilt ebenso für Werke, deren Thematik seit eh und je an hellenistische Stilformen gebunden war wie z. B. die Meerwesen am Marmorbecken des Thermenmuseums und an der Domitiusara.[89]

Vor dem Hintergrund der fortdauernden hellenistischen Tradition erweist sich deutlich die Neuartigkeit der ‚homerischen' Gruppen, die die überkommenen Formen und Ausdruckswerte in einen malerischen Klassizismus umsetzen. In ihm wird Spannung zu rascher Bewegung und Pathos zur Aufgeregtheit. Dem hellenistischen Erbe werden lediglich noch Floskeln als Ausdrucksträger entnommen. Diese Eigenschaften machen es schwer, Werke dieser Richtung zu solchen in Relation zu setzen, die zur gleichen Zeit Hellenistisches fortführen bzw. sich am Strengen Stil oder der Hochklassik orientieren. Glücklicherweise beweist der Fund von Antikythera die Existenz dieser neuen Gattung bereits vor ca. 60 v. Chr. Die Vorbilder der Gruppen von Sperlonga wird man in dem Zeitraum von ca. 80 bis 40 v. Chr. suchen und dabei in Rechnung stellen, daß die rhodischen Kopisten der frühen Kaiserzeit die Oberflächen impressionistisch auflockerten. So steht die Replik des Wein-

Tf. 5,5 ist deutlich vor dem Ende des 4. Jahrhundert v. Chr. entstanden. Dem angeblichen frühhellenistischen Original, das in der Statue des Apollonios kopiert sein soll, geht also wieder eine Darstellung der Kleinkunst voraus. Seit dem 1. Jahrhundert v. Chr. begegnet die Figur dann in verschiedenen Medien, nämlich der Statue des Apollonios, der Bronze Ortiz, einer weiteren Bronze derselben Sammlung, auf Gemmen, der tabula iliaca des Kapitols und einer Lampe. Für die Annahme, der Torso sei die getreue Kopie eines früh- oder auch hochhellenistischen Werkes (so R.Wünsche MüJb. 44, 1993, 38) gibt es keine stichhaltigen Gründe. Gegen ein Original der Zeit zwischen 188 und 167 v. Chr. (so Wünsche a. O. 40 aufgrund nicht zwingender historischer Kombination) sprechen u. a. die klassizistischen Formen des Rumpfes, die schon H. Brunn gesehen hat. Demnach ist der sinnende Aias des Apollonios als eine eklektische Schöpfung anzusehen, die in caesarischer Zeit im Anschluß an eine Tradition der Flächenkunst und in Anlehnung an ‚lysippische' Sitzstatuen geschaffen wurde. – Ein Vorbild frühhellenistischer Kleinkunst setzte das Original der bekannten Hercules-Antaeusgruppe im Palazzo Pitti in Großplastik um (vergl. H. Möbius in: Antike Plastik X, 1970, 39 ff., die richtige Einordnung bei E. Künzl, Frühhellenistische Gruppen, 1968, 115).

89 Becken Thermenmuseum (A. Giuliano) Museo nazionale romano. Le sculture I 1 (1979) 255 ff. nr. 159. Asinius Pollio bei Plin. 36, 23–25, 33–34. H. Jucker, Vom Verhältnis der Römer zur Bildenden Kunst der Griechen (1950) 69 macht darauf aufmerksam, daß in Pollios Auswahl, Spätklassik einerseits, Späthellenismus andererseits, der gleiche Geschmack zum Ausdruck kommt, der dem bekannten Kunsturteil von Plinius 34, 52 zugrundeliegt. Zur Löwin mit Eroten im Besitz Varros Jucker a. O. 74.

schlauchträgers aus der Villa Hadriana in London dem Original wahrscheinlich näher als der skizzenhaft bravouröse Kopf in Sperlonga (Taf. 7, s.o).

Abgrenzungen und Datierungen sind auch deshalb schwierig, weil die hellenistische Sehweise in östlichen Werkstätten bekanntlich noch in augusteischer Zeit und darüber hinaus nachwirkte. Das beweisen z. B. östliche Bildnisse des Augustus, Agrippa, Tiberius, julisch-claudischer Prinzen oder die Skulpturen vom Monument für Gaius Caesar in Limyra.[90] Ihnen liegen stadtrömische Figurentypen zugrunde, doch verrät die Ausführung noch ganz hellenistische Handwerkstradition.

Ähnliches wie für die Werkstatt von Sperlonga gilt auch für die beiden Meister des Farnesischen Stiers, dessen Original kürzlich durch eine historische Konstruktion ebenfalls in hochhellenistische Zeit verpflanzt worden ist, bei dem aber schon die Archäologen zu Anfang unseres Jahrhunderts beobachteten, daß er eine Vorlage der Flächenkunst in Plastik umsetzt (Anm. 59). Wahrscheinlich gehört das Original in caesarische Zeit. Der Laokoon, der strukturelle und stilistische Merkmale der Kaiserzeit aufweist, ist vielleicht erst ein Werk der drei rhodischen Künstler, die jedenfalls Plinius für seine eigentlichen Schöpfer gehalten hat.[91]

Die Charakteristika, die wir an den homerischen Gruppen als einer neuen Kunstgattung zu bemerken glaubten, liegen größtenteils nicht auf der Ebene künstlerischer Fähigkeiten und können deshalb nicht mit Qualitätsurteilen erfaßt werden. Es handelt sich vielmehr um geistesgeschichtliche Phänomene

90 Limyra JdI. 89, 1974, 217ff. (J.Borchardt). (Ausst. Loosdorf-Schallaburg 1990), Götter, Heroen, Herrscher in Lykien 85ff., 88ff., 190ff. Der ungefähr gleichzeitige Zoilosfries in Aphrodisias hat demgegenüber ganz klassischen Habitus.

91 Undatiert sind Fragmente aus Kos und Rhodos, die dem Laokoon und den Gruppen von Sperlonga in der Art nahekommen: pathetischer Kopf Kos Cl Rhod. IX (1938) 44ff., Tf. 4. Reliefkopf eines Satyrn Rhodos RM 76, 1969, Tf. 55,1. Vergleichbar auch ein Torso unbekannter Herkunft in Basel: Kunstwerke der Antike (Ausstellung Luzern 1963) Sammlung Käppeli nr. A 25 (E. Berger). Der häufig verglichene Torso Gaddi in Florenz Mansuelli I nr. 126 = V. Saladino, Firenze. Gli Uffizi. Sculture antiche (1983) 110 ist plastisch noch nicht so reduziert wie der Laokoon, vergl. H. Möbius in: Antike Plastik X (1970) 47ff. – Die bekannten Satyriskoi im Gigantenkampf des Konservatorenpalastes H^4 II 1467 sind sicher keine Kopien nach Originalen aus der Zeit des kleinen attalischen Weihgeschenks, vielmehr dürfte es sich um klassizistische Schöpfungen des frühen 1. Jahrhunderts v. Chr. handeln (den Hinweis verdanke ich Chr. Vorster, die diese Skulpturen neu publizieren wird). Sie sind insofern Vorläufer des Laokoon, mit dem die beiden aufrecht Kämpfenden die klassischen Zitate der Rumpfgliederung teilen. – Aus der rhodischen Werkstatt der Gruppen von Sperlonga scheint der Kentaurenkopf im Konservatorenpalast zu stammen, der bezeichnenderweise eklektische Züge aufweist (vergl. Exkurs V, S.66). Um Kopien nach 1. Jahrhundert v. Chr. handelt es sich bei den planschenden Satyrknäblein in Sperlonga (vergl. Anm. 79) und den Gigantomachiereliefs in Rom und Basel: JdI. 99, 1984, 229ff. (M. Fuchs). Auch das Basler Fragment a. O. Abb. 23 = Ant K. 11, 1968 Tf. 40 ist sicher nur eine Kopie.

von erheblicher Bedeutung für die folgende Kunstgeschichte, wobei wie so häufig dem Verlust alter Werte und Bindungen die Eröffnung neuer Möglichkeiten entspricht. Die Laokoongruppe ist dafür ein hervorragendes Beispiel. In formaler, struktureller Hinsicht nimmt sie geradezu Merkmale der späten Kaiserzeit und der Spätantike vorweg (Antike Kunst 34, 1991, 111f). Die Darstellung von Schmerz erhält in ihr eine neue Dimension und erinnert in dieser Hinsicht fast schon an nachantik-christliche Erscheinungen. Der Größenunterschied innerhalb der Gruppe erweitert die Anwendung der traditionellen Bedeutungsgröße, insofern er hier nicht so sehr einen objektiven Rangunterschied darstellt als vielmehr der Ausdruckssteigerung dient: Er hebt *die* Figur heraus, in der das Leiden kulminiert.[92] Der Laokoon ist insofern ein zukunftsweisendes Werk, als er plastische Bindungen zugunsten emotionaler Werte aufgibt.

Auch die Lösung der homerischen Gruppen aus der traditionellen Weihgeschenkfunktion von Großplastik und ihre dekorative, kulissenartige Verwendung ist ein Vorgang von Emanzipation, der neue Perspektiven eröffnet. Die plastische Gruppe verleiht jetzt herausgehobenen Örtlichkeiten wie dem Grottentriklinium von Sperlonga einen mythologischen Zauber, der auf den Charakter der Gegend abgestimmt ist. Damit tritt die Denkmalfunktion zugunsten des erzählerischen und emotionalen Aspekts zurück und die Plastik gerät in Konkurrenz zur Malerei und zur Literatur, aus der jetzt direkte Anregungen fließen. Auf diesem Hintergrund kommt es später zu einer vollends stimmungsmäßigen Verwendung von Plastik, nämlich der bukolischen Landschaft, die durch Figuren wie die Hirten und Rinder von der Via Labicana bevölkert wird (Verf., Über Hirtengenre, 1980, Taf. 46–53).

Die auffälligste Eigenschaft der homerischen Gruppen, die sie mit vielen Produktionen der Zeit teilen, liegt in ihrem eklektischen Charakter. Dieses

[92] Die Abgrenzung gegenüber älteren Darstellungen ist allerdings schwierig. Die überkommene Konvention von Bedeutungsgröße bezeichnete Gattungs- bzw. Rangunterschiede wie z. B. den Abstand Götter-Menschen, Menschen-Tiere, Herren-Diener usw. Im Verhältnis von Eltern und Kindern war beides möglich, Kinder erschienen manchmal kleiner, als es die jeweilige Entwicklungstufe forderte, umgekehrt konnte auf Grabreliefs das verstorbene Kind durch unverhältnismäßige Größe hervorgehoben sein. Ein Problem bietet die Niobe der Florentiner Gruppe. Obwohl eine gebeugte Figur, ist sie ca. 40 cm größer als die gestreckt dargestellte älteste Tochter. Man erklärt dies mit Aufstellungsbedingungen (etwa in einem Giebel) bzw. mit optischen Gründen. Ob das ausreicht, lasse ich dahingestellt. Vielleicht handelt es sich doch um eine Vorläuferin des Laokoon, insofern die emotionale Steigerung sich zugleich auch in einer Steigerung des Formats äußert. Bei der Laokoongruppe, in der die Kinder ganz unverhältnismäßig klein sind, dürfte dies der Sinn des Größenunterschieds sein. Das Neuartige liegt nicht in der Mißachtung der natürlichen Verhältnisse, das geschah auch bei der alten Bedeutungsgröße, sondern in der Motivation, dem Ausdruck ungeheuren Schmerzes.

Phänomen ist ebenso vielgestaltig wie schwer zu definieren. Wenn man den Begriff Eklektizismus auf das Verfahren beschränkt, Bestandteile verschiedener stilistischer Herkunft zu verbinden, so wird damit nur *eine* Seite einer umfassenderen Erscheinung bezeichnet. Die wechselweise Übertragung von männlichen und weiblichen Formen, die sog. Rückstilisierung und umgekehrt die Wiedergabe älterer Vorbilder in jüngeren Stilformen, die Auswechselbarkeit bzw. Wiederholung von Figuren oder Teilen davon im gleichen Zusammenhang, das alles läßt sich offenbar nicht immer voneinander trennen. Ebenso ist es nicht einfach, verwandte Erscheinungen in älteren Epochen – wie Kontaminationen, Zitate, stilistische Rückgriffe – davon klar abzusetzen. Die homerischen Gruppen nehmen in mehrfacher Hinsicht an diesem Wesen teil. Sie kombinieren Teile verschiedener stilistischer Herkunft, wie wir oben an Details gezeigt haben, und sie sind groß in der Anpassung von Versatzstücken. Vor allem aber sind sie geprägt durch ein anderes Phänomen, das jedenfalls eine Parallele zum Eklektizismus darstellt und in seinen Umkreis gehört: die Auflösung der Gattungsgrenzen zwischen Flächenkunst und Großplastik, zwischen Illustration und Denkmal.

Nachdem Eklektizismus lange Zeit als Verfallserscheinung beschrieben worden ist, bemüht man sich in jüngerer Zeit zu Recht, ihn nach seinen eigenen Maßstäben zu messen, um damit zu einer positiven Wertung zu gelangen. Dabei wird fast immer auf die Betätigung von Kennerschaft hingewiesen, die Grundlage dieser Kunsterscheinung sein soll und die durch intellektuelle Anspielungen ebenso wie durch reizvolle sinnliche Kontraste in Gang gesetzt wird. Das ist sicher eine Seite des Phänomens, die zudem durch literarische Entsprechungen bestätigt wird. Ob sie aber der ganzen Erscheinung gerecht wird, die ja offensichtlich nicht auf bestimmte Kreise beschränkt war, sondern weite Bereiche des Kunstbetriebs der Zeit erfaßte, muß doch gefragt werden.

In einem weiteren Sinne ist auch der Eklektizismus eine Weise der Emanzipation von traditionellen Bindungen, die alte Überlieferungen verfügbar macht und für neue Inhalte öffnet. Die Verwendung polykletischer Formen in der augusteischen ‚Staatskunst' ist das bekannteste und eindrücklichste Zeugnis für diesen Vorgang. Wenn hier klassische Formen zum Vehikel für ideologische Botschaften werden, so arbeiten die homerischen Gruppen dem insoweit vor, als sie eklektisch geprägte Großplastik in den Dienst von Illustration stellen, was vorher die Gattungsgrenzen nicht zugelassen hätten.

Auch vor diesem Hintergrund erweisen sich die spätrepublikanischen Vorbilder der Gruppen von Sperlonga als Vertreter einer neuen Kunstgattung, die von den autonomen Denkmälern der hochhellenistischen Zeit durch einen tiefen Wesensunterschied getrennt ist.

Exkurse

I. Zur Identifikation der Höhle von Sperlonga

Es gibt gute, wenn auch nicht entscheidende Gründe, für die Villa in Sperlonga kaiserliche Besitzer anzunehmen, zu denen auch Tiberius gehört haben könnte.[1] Die Identifikation der Höhle mit der Villengrotte, in der Tiberius nach Tacitus ann. 4, 59 und Sueton Tib. 39 in Lebensgefahr geriet, macht allerdings Schwierigkeiten. Die Angabe des Tacitus *mare Amunclanum inter et Fundanos montes* würde wörtlich genommen auf einen Platz weiter landeinwärts weisen. Man ist versucht, trotzdem bei Sperlonga zu bleiben, da seine Höhle die weitaus ansehnlichste und am reichsten ausgestattete an der Küste zwischen Terracina und Gaeta ist. Wie jede andere weist sie zahlreiche Abbrüche auf, die möglicherweise mit dem Ereignis von 26 n. Chr. in Zusammenhang stehen könnten.[2] Da der Bankettplatz heute unter freiem Himmel liegt, hat man angenommen, die Decke der Höhle habe weiter vorgekragt und sei mit dem vorderen Teil eingestürzt, wie Tacitus zu bezeugen scheint *(eius os lapsis repente saxis obruit quosdam ministros).* Dann ist aber rätselhaft, weshalb eine tonnenschwere Ganymedfigur unmittelbar am vorderen Rande über dem Scheitel stehenblieb oder vielleicht sogar erst später an dieser Stelle errichtet wurde. Ein anscheinend oder scheinbar künstlich eingearbeiteter Falz unter der Figur, der ihre Sichtbarkeit von unten erhöhen sollte, wäre bei dieser Annahme auf jeden Fall erst nach der Katastrophe angebracht worden, ein geradezu unfaßbarer Leichtsinn.[3] Auch wären am Triklinium umfangreiche Reparaturen zu erwarten, wovon in der Literatur nichts erwähnt wird.

[1] Zuletzt H. Lavagne, Operosa Antra (1988) 51 ff. B. Andreae, Praetorium Speluncae, a. O. 13ff. (s. hier Exkurs VI). G. Hafner in: FAZ Geisteswissenschaften vom 1.3.1995.

[2] Lavagne a. O. 525 mit Hinweis auf E. Salza Prina Ricotti in: Cronache pompeiane 5, 1979, 13ff. Zum Steinschlag an der Höhle B. Conticello in: Antike Plastik XIV 12 Anm. 8 (Conticello entdeckte bei einer Reinigung des Geländes 1971 auch die Basis der Ganymedstatue und stellte die übereinstimmenden Maße von Basis und Statuenplinthe fest, während Andreae, Praetorium Speluncae a. O. 116 dies für sich in Anspruch nimmt, ohne Conticello zu erwähnen).

[3] Andreae, Praetorium a. O. 116. Nach den Abbildungen ist nicht auszumachen, ob es sich nicht vielleicht um eine zufällige, aus der Schichtung des Felsens erklärbare Formation handelt.

Der moderne Name der Höhle besagt natürlich nichts, eher der des benachbarten Sperlonga, der sich schon im Mittelalter aus dem lateinischen Speluncae bildete.[4] Vor allem aber ist sicher, daß die rhodische Werkstatt, die auf dem Schiff des Odysseus signierte, für das Kaiserhaus gearbeitet hat, was Plinius n. h. 36, 37 allerdings erst für flavische Zeit zu bezeugen scheint. Ein offensichtlich aus der gleichen Werkstatt stammender, vermutlich einen Kentauren darstellender Kopf im Konservatorenpalast (Taf. 28, 30, 32) wurde in einem kaiserlichen Anwesen, den *horti Lamiani* am Esquilin gefunden (s. hier Exkurs V). In die gleiche Richtung weist die schiere Größe der Ausstattung von Sperlonga, eines selbst für die frühe Kaiserzeit gewaltigen Unternehmens. Ein weiteres starkes Argument liefert die Beobachtung, daß Kaiser Domitian sein Albanum mit einer Villengrotte schmückte, die Plan und Ausstattung von Sperlonga nachahmt.[5] Der stilistische Befund der Skulpturen gestattet leider immer noch keinen genauen zeitlichen Ansatz, da sich die Manier der Rhodier schlecht mit stadtrömischen Entwicklungen vergleichen läßt. Für den Laokoon, der stilistisch fortgeschrittener erscheint als die Gruppen von Sperlonga, ist ein Datum in neronisch-flavischer Zeit auch weiterhin nicht ausgeschlossen. Bei diesem Ansatz müßte man mit den anderen Gruppen wohl bis gegen die Mitte des 1. Jahrhunderts herabgehen.[6] Der Name eines der beteiligten Bildhauer, des Rhodiers Athanadoros Sohn des Hagesandros, begegnet auch in Signaturen auf Basen aus Antium und Capri, Orten, die mit Tiberius besonders verbunden sind.[7] Aber auch dieser Befund ist nicht eindeutig. Die Buchstabenformen in guter hellenistischer Tradition sprechen zwar dafür, daß der Künstler mit dem von Sperlonga identisch ist. Aber die Basen, die merkwürdigerweise aus buntem Marmor bestehen, gehören zu einer mittelgroßen bzw. einer kleinen Statuette, die leicht wandern konnten, wie sich denn auch eine weitere Basis mit der gleichen Signatur in Ostia gefunden hat. Vielleicht hilft ein unpubliziertes Gebäude in der Villa von Sperlonga weiter, in dem Andreae eine Prätorianer-Kaserne ausmachen wollte, wozu die von ihm erwähnten zwölf Pferdeboxen allerdings wohl noch nicht ausreichen. Sollte sich seine Vermutung bestätigen, wäre immer noch nur der kaiserliche Charakter der Anlage, aber nicht der Bezug auf Tiberius gesichert.[8]

[4] Lavagne a. O. 518.
[5] Zuletzt P. Liverani, L' antiquarium di Villa Barberini a Castel Gandolfo (1989) 71 ff. Vergl. besonders A. Balland in: MEFRA 79, 1967, 422 ff.
[6] Verf. in: Antike Kunst 34, 1991, 114 ff.
[7] Zu den Athanadoros-Inschriften zuletzt E. E. Rice in: BSA 81, 1986, 209 ff.
[8] Andreae, Praetorium Speluncae a. O. 22.

II. Der etruskische Skarabäus British Museum 673

Der Londoner Karneol (Taf. 35a.b.) zeigt einen nackten bärtigen Mann und zwei ebenfalls nackte Halbwüchsige, die von drei Schlangen überfallen werden. Der Alte legt seinen linken Arm um den Jungen, der sich von links an ihn herandrängt, die Rechte des Alten ist in einem Schreckensgestus erhoben. Der andere Junge, um dessen rechte Schulter sich eine Schlange windet, wendet sich nach links. Schlangenköpfe sind hinter dem Kopf des Alten, hinter seiner linken Hand und hinter dem rechten Bein des fortstrebenden Jungen zu sehen. Die Darstellung entspricht in der Anordnung mit dem Alten in der Mitte und in der Nacktheit aller drei Figuren der vatikanischen Gruppe und ist deshalb trotz der abweichenden Zahl der Schlangen immer auf Laokoon gedeutet worden. Auch in Einzelmotiven hat man Zusammenhänge sehen wollen, doch ist das schwer nachzuweisen.

Jedenfalls bleiben erhebliche Unterschiede. Falls diese nicht erst bei der flüchtigen Umsetzung eines größeren Vorbildes entstanden sind, sondern wörtlich genommen werden müssen, hat das Original erheblich anders ausgesehen als die vatikanische Gruppe: Die Figuren suchten laufend dem Unheil zu entkommen, ein Altar fehlte, der Größenunterschied zwischen Vater und Söhnen war geringer, es war nicht angedeutet, daß der ältere Sohn sich befreien könnte. Vor allem suchte Laokoon seine Söhne zu schützen, während er sich in der vatikanischen Gruppe ganz seinem Schmerz hingibt, ohne die Kinder noch wahrzunehmen. Eine Entscheidung darüber, ob die Vorlage diese Züge wirklich aufwies, ist leider nicht möglich. Immerhin ist es angesichts der Unterschiede unwahrscheinlich, daß die hinter dem Skarabäus stehende Überlieferung und die Marmorgruppe, die einen ganz anderen Laokoontypus verwendet, unmittelbar zusammenhängen. Die Frage, wie es zu den Gemeinsamkeiten der Anordnung und der Nacktheit der Figuren kam, ist dann allerdings nur noch schwer zu beantworten. Dabei muß die alte, zuletzt wieder von G. Uggeri 1961 vertretene Annahme einer Fälschung in Anlehnung an die Gruppe im Belvedere wohl ausscheiden. Sowohl technisch wie stilistisch bietet der Karneol keinen Anlaß für einen solchen Verdacht. Die ausgerundeten Formen der Figuren und ihre starke Politur, die knopfartige Bildung der Knöchel bei dem linken Jungen, an den Schlangenmäulern und am Daumen des Alten sowie die strichförmig gekerbten Haare entsprechen völlig dem in der Gattung üblichen Erscheinungsbild. Schon Furtwängler ist deshalb vehement für die Echtheit des Stückes eingetreten (Antike Gemmen I Tf. 64,30. II 291 f. III 205 f. 239. Als Parallelen zitiert er seine Taf. 18,58.55; 21,42).

Bei der gängigen Datierung ‚spätes 4., frühes 3. Jahrhundert' hätte es demnach in der Laokoon-Diskussion eine große Rolle spielen müssen. Tatsächlich hat sich aber nach einer kurzen Erwähnung von R. Foerster in JdI. 21,1906,14 nur Chr. Blinkenberg RM 42,1927,189 ff. damit auseinandergesetzt. Er schließt aus der Gemme, die er schon ins 5. Jahrhundert datiert, auf eine rundplastische Gruppe derselben Zeit in Rhodos, die von der vatikanischen im Geiste des Späthellenismus ‚erneuert' worden sei. Schon vorher sei sie von einem hellenistischen Tafelbild benutzt worden, auf das die bekannten pompejanischen Bilder zurückgingen. Aus dieser Genealogie erklärt er auch die tatsächlich merkwürdige Nacktheit des Alten, der als Priester eigentlich im Chiton dargestellt sein müßte, und die Wiedergabe der Jungen als ‚verkleinerte Erwachsene'.

Eine entscheidende Bedeutung bekommt der Skarabäus bei B. Andreae, der ihn zum ‚Eckstein' seiner Laokoon-Chronologie machte (Laokoon und die Gründung Roms a. O. 45 mit Abb. 14. 63 ff. 201). Laut Andreae hat P. Zazoff, Etruskische Skarabäen, 1968, 183 nr. 1040 den Stein eindeutig als echt erwiesen und in die Zeit vor dem letzten Drittel des 2. Jahrhunderts datiert. Da er zu den *spätesten* Erzeugnissen des a-globolo Stiles gehöre, sei er kaum viel älter. Außerdem gehe er nicht auf eine ältere Komposition zurück, sondern setze die vatikanische Gruppe voraus, mithin liefere er einen *terminus ante quem* von ca. 130 v. Chr. für deren Original.

Tatsächlich erwähnt Zazoff den Karneol aber lediglich in einer Liste, ohne sich zu seiner Datierung zu äußern. Nach brieflicher Mitteilung ordnet er ihn dem *frühen* a globolo-*Stil* zu (Andreae a. O. 64 verwechselt a globolo-Stil mit der entsprechenden Technik) und setzt ihn ‚4.–3. Jahrhundert' an. Von der Richtigkeit dieser Datierung kann man sich selbst leicht überzeugen. Der technisch und stilistisch ähnliche Skarabäus mit Gigant in Genf Zazoff a. O. Taf. 48,254, hier Taf. 35 c zeigt die Herkunft von der a globolo-Tradition noch deutlicher und dürfte etwas vor dem Londoner entstanden sein (nach Zazoff a.. O. 127 ‚früher a globolo-Stil'). Der Unterschied zu dem stark reduzierten und vergröberten, äußerlich vor das Ende des 3. Jahrhunderts datierten Eroten-Skarabäus aus einem Grab bei Spina (Zazoff a. O. Tf. 52,279 = Taf. 35 f) ist beträchtlich. Daß der Laokoon-Skarabäus nicht zu den spätesten Beispielen der Gattung gehört, lehrt auch der Vergleich mit den Berliner Steinen AGD II, Tf. 57,287 und 290 = hier Taf. 35 d.e, auf denen die Figuren spröder und starrer geworden sind und das Bildfeld nicht mehr mit der gleichen Spannung ausfüllen (von E. Zwierlein-Diehl a. O. ins 3. Jahrhundert datiert). Vergleichbar sind hingegen die Skarabäen Zazoff Tf. 36,179 und, wohl etwas später, Tf. 35,173 (Hinweis von E. Zwierlein-Diehl, die mir freundlicherweise eine unveröffentlichte Aufzeichnung zu dem Londoner Skarabäus zur Verfügung stellte). Mit späteren, schon weitgehend unter italisch-griechischem Einfluß stehenden Erzeugnissen der etruskischen Glyptik wie den Ringsteinen bei W. Martini, Die etruskische Ringsteinglyptik (1971) Tf. 21,1-2, die aber auch noch ins ausgehende 3. Jahrhundert gehören, besteht stilistisch kaum noch Verbindung. Die von Martini als Ausläufer der etruskischen Ringsteinglyptik bezeichneten und in die zweite Hälfte des 2. Jahrhundert datierten Stücke seiner Tf. 26, bei denen der Strichrand schon meist aufgegeben wird, weisen einen völlig anderen Habitus auf. Selbst bei Anlegung eines sehr großzügigen Maßstabes kann der Londoner Skarabäus nicht lange nach 300 v. Chr. entstanden sein, also gut anderthalb Jahrhunderte vor dem Datum, das Andreae für das hypothetische Original des Laokoon annimmt.

Falls die Deutung wirklich zutrifft, gab es demnach bereits am Ende des 4. Jahrhunderts eine wahrscheinlich gemalte Darstellung der Laokoonsage, die zwei wesentliche Merkmale der vatikanischen Gruppe vorwegnahm. Man kann sie sich als zeitgenössisch mit der Niobidengruppe und dem skopasischen Pothos vorstellen. Daß die Rhodier unmittelbar auf dieses Vorbild zurückgriffen, ist aus den oben angeführten Gründen unwahrscheinlich. Deutlich ist nur ihre eklektische Arbeitsweise, nicht aber, ob sie für die Gesamtanlage ein Vorbild hatten und wie dieses gegebenenfalls aussah: eine in diesem Bereich ganz typische Schwierigkeit. Sicher benutzten sie für den jüngeren Sohn den toten Niobiden der spätklassischen Gruppe, für den älteren den Sandalenbinder Lysipps. Ihr Laokoon könnte vom Alkyoneus des Pergamonaltars stammen, doch wäre auch ein hochhellenistischer bekleideter Typus denkbar, der im Gemälde der Casa del Laocoonte verwendet wird und den sie in bezeichnend klassizistischer Weise in eine nackte Figur umsetzten.

Für den Londoner Skarabäus ist schließlich noch in Erwägung zu ziehen, daß die Darstellung, wie wir das oben S. 18 beim Pasquino angenommen haben, in der Glyptik selbst zuhause ist. Zwierlein-Diehl weist mich in diesem Zusammenhang auf die auf etruskischen Steinen verbreitete Dreiergruppe von Kriegern hin, die einen Verwundeten im Laufschritt vom Schlachtfeld führen (z. B. AGD IV Hannover Tf. 51,354.355). Die Ähnlichkeit der Komposition ist groß, reicht jedoch vorläufig nicht aus, eine nähere Verbindung zu begründen.

III. Zur Achill-Penthesileagruppe

Eine nur leicht variierte Darstellung der plastischen Gruppe Taf. 24–25 erkennt R. Wünsche auf einem Siegelabdruck aus Karthago (Taf. 27 b) und verwendet ihn deshalb als Argument, die Skulptur vor 146 v. Chr., dem Jahr der Zerstörung Karthagos, zu datieren (MüJb 3. F. 42, 1991, 35 Abb. 47). Die Szene zeigt einen bis auf den Rückenmantel nackten Mann, dessen Kopf verloren ist.

Mit der Linken packt er den linken erhobenen Arm einer vor ihm zusammengebrochenen Frauenfigur, deren Mantel bis unter den Schoß herabgeglitten ist. Der rechte Unterarm des Mannes *überschneidet* den erhobenen rechten Arm der Frau, offenbar reißt er also ihren Kopf am Haar zurück. Demnach handelt es sich um eine Kampf-, nicht um eine Helfergruppe wie bei der Skulptur. Der lange Mantel, der die Beine der Frau umhüllt, hätte an der Deutung auf Penthesilea zweifeln lassen können, doch kehrt die gleiche Gruppe auf einem erst in LIMC VII 2, 239 Penthesilea 55a veröffentlichten Pyxisdeckel (Taf. 27a) wieder, auf dem eine Pelta jedenfalls die Benennung Amazone sichert. Von den Besonderheiten der Begegnung von Achill und Penthesilea zeigt die Darstellung jedoch nichts, so daß eine Identifikation mit der Königin weiterhin zweifelhaft bleibt. Der lange Mantel, der zu keiner Amazone paßt, könnte ein Hinweis sein, daß der Typus ursprünglich eine andere Bedeutung hatte und erst sekundär auf die Amazonomachie übertragen wurde.

Die Basler Pyxis enthielt Münzen Hierons II. (gestorben 215 v. Chr.), was die stilistische Datierung von Figurenszene und Ornament ins späte 3. Jahrhundert v. Chr. sichert. Es bedarf keines ausführlichen Nachweises, daß die Darstellung auf dem Siegel um Generationen älter sein muß: Körperformen, Proportionen, die eckigen Konturen, die undynamische Verschränkung der Figuren machen ein Datum nach dem späten 4. Jahrhundert v. Chr. unmöglich. Der Abdruck stammt aus einem Fund, den D. Berges RM 100, 1993, 245ff. dem gleichen Archiv zurechnet, aus dem zwischen 1989 und 1991 noch 3247 weitere Tonsiegel zum Vorschein kamen. Nach Berges a. O. 253 sind in beiden Funden Siegel des 3. und besonders des 2. Jahrhunderts wenig vertreten. Unter den von ihm abgebildeten Stücken kommt kein Beispiel aus dem 2. Jahrhundert vor. Zum Stil des Penthesileasiegels vergl. J. Boardman, Greek Gems and Finger Rings, Early Bronze Age to Late Classical (1970) Nr. 640, 664, 749, 754.

Was die ikonographische Tradition der *plastischen* Gruppe betrifft, so besitzt jedenfalls der Achill der Bergerschen Rekonstruktionen (Taf. 24–25) einen typologischen Vorgänger auf dem Volutenkrater des mittleren 4. Jahrhunderts v. Chr. in Basel (Taf. 26) aus dem Kreis des Lykurgosmalers (LIMC I, Achilleus 741). Problematisch ist die stilistische Datierung. Im Vergleich zu dem etwas älter wirkenden delischen Gallier würde man die Gruppe in das frühe 1. Jahrhundert v. Chr. datieren, wozu die erhaltenen, deutlich klassizistischen Kopfrepliken von Achill und Penthesilea sowie die Körperrepliken des Achill passen (LIMC VII 2 Taf. 245ff.). Mit diesem Ansatz läßt sich jedoch die vatikanische Replik des Achill-Kopfes schlecht vereinen, die im Gegensatz zur übrigen Überlieferung noch barocke Züge trägt und trotz ihrer Einzigartigkeit als *lectio difficilior* gewürdigt werden muß (a. O. Taf. 246, 60 g). Die Komposition ist stilistisch ebenfalls schwer zu beurteilen, solange der rechte Arm der

Amazone nicht mit Sicherheit ergänzt ist. In Bergers Variante mit nach oben ausgestrecktem Unterarm wirkt sie sperriger und dissonanter als in der Rekonstruktion mit dem nach innen abknickenden Arm (a. O. Taf. 249, 66 bzw. 67). Insgesamt erscheint die Komposition einfacher und kunstloser als beim Pasquino, der räumlich und im Detail differenzierter ist. Die bekannte Ansicht mit frontalem Kopf des Achill (a. O. Taf. 249 u. r. = hier Taf. 24) macht formal und inhaltlich wenig Sinn. Die dem Pasquino abgesehene Kopfwendung wird zum leeren Pathos, die Liebesbeziehung zur Amazone bleibt unklar. Die Komposition ist nach vorn offen und schafft keine Distanz zum Betrachter. Dies leisten eher die mehr von rechts bzw. links genommenen Ansichten (a. O. Taf. 249o), die einen mehr reliefmäßigen Charakter haben und, besonders die von rechts, die Kopfwendung durch eine konkrete Gefahr begründen (Taf. 25). Viel Struktur lassen alle diese Ansichten nicht erkennen, das linke Profil (a. O. Taf. 249 u. l.) und die Rückseite sind gänzlich kunstlos. Die spannungsvolle Verstrebung früh- und hochhellenistischer Gruppen vermag ich, jedenfalls in den bisher vorgelegten Rekonstruktionen, nicht zu entdecken. Eher könnte man die Gruppierung als offen und additiv bezeichnen. Von der Dynamik der Großen Galliergruppe ist nichts übrig geblieben, obwohl die ganze Komposition von ihr abhängig ist und auch Details auf sie Bezug nehmen (Gewand der Penthesilea, Kopf des Achill). Der Faltenstil im Gewand der Penthesilea mit seinen Anklängen an den Strengen Stil wäre frühhellenistisch ebenso denkbar wie im 1. Jahrhundert. Eine Datierung der Gruppe ins 2. Jahrhundert ist aufgrund dieser Beobachtungen nicht auszuschließen, obwohl eine Entstehung in der ersten Hälfte des 1. Jahrhunderts v. Chr. *nach* dem Pasquino wahrscheinlich bleibt.

IV. Die Hauptansicht der Aiasgruppe

Im Gegensatz zu den malerisch lockeren Kompositionen von Skylla- und Polyphemabenteuer macht der Pasquino auf den unbefangenen Betrachter, besonders wenn er ihn in der bekannten Schweitzerschen Ansicht mit frontalem Kopf des Aias aufnimmt (Taf. 18), einen geschlosseneren, denkmalhaften Eindruck.[1] Dazu scheint zu passen, daß er in der Überlieferung meist in getreuen Kopien und ohne größere Varianten vertreten ist (AP XIV Andreae 87ff.). Die oben S. 18f. erwähnten etruskischen Gemmen hellenistischer Zeit

[1] Die Vorlagen zu Taf. 18.19 verdanke ich E. Paul, die zu Taf. 20.21 ließ Th. Lochman nach meinen Angaben durch den Photographen Hans Stieger in der Skulpturhalle Basel anfertigen.

(Taf. 23 a,b) könnten nahelegen, daß es für ihn ein Vorbild in der Flächenkunst gab, doch läßt sich dieses nicht näher bezeichnen. Die Köpfe des Aias und des Achill erinnern gleichermaßen an spätes 4. Jahrhundert und legen die Vermutung nahe, daß wir es mit einem eklektischen Werk zu tun haben. Aber auch in dieser Hinsicht ist ein schlüssiger Beweis noch nicht erbracht worden. Die meisten Repliken stammen aus Rom und Umgebung und gehörten wohl großenteils zum Schmuck von Villen, wie dies für die beiden Exemplare aus der Villa Hadriana gesichert ist. Über die ursprüngliche Funktion kann man nur mutmaßen. Der scheinbar denkmalhafte Charakter könnte auf ein Weihgeschenk in hellenistischer Tradition deuten.

Dieser Eindruck wird dem Betrachter allerdings in nicht unerheblichem Maße erst durch die erwähnte Ansicht Schweitzers aufgedrängt, bei der Kopf und rechter Arm des Aias sowie der Leib Achills frontal erscheinen (B. Schweitzer, Das Original der sog. Pasquinogruppe = Abh. Leipzig 1936, 46f. Taf. 1, hier Taf. 18). Die Ausdruckswerte, die das moderne Gefühl dabei besonders ansprechen und die den Restaurator des Exemplars in der Loggia dei Lanzi schon im frühen 19. Jahrhundert zu einer entsprechenden Aufstellung veranlaßten, hat Schweitzer in hymnischen Worten beschrieben. Allerdings fragt sich, ob das distanzlose Pathos, das den Betrachter unter diesem Gesichtswinkel so unmittelbar mitzieht, wirklich antiker Einstellung entspricht. Schweitzer meinte zwar, diese Ansicht bedürfe keiner Bestätigung durch die Überlieferung, da sie die hauptsächlichen Ausdruckswerte in sich versammle. Dabei war er sich aber durchaus bewußt, daß sie weder durch die erhaltenen Reste verschiedener Plinthen, noch durch die Gemmendarstellungen des 1. Jahrhunderts v. Chr. und später bezeugt ist, die den Standpunkt des Betrachters weiter links nehmen (Schweitzer a. O. Abb. 19. Die Berliner Plasmagemme a. O. Abb. 19 c, hier Taf. 23 c nach einer Aufnahme des Abdrucks von W. Klein). In dieser Aufstellung (Taf. 20) werden die starken Verkürzungen und Gegensätze der anderen Ansicht gemildert, das Verhältnis der Figuren zueinander wird übersichtlicher, die Parallelität ihrer Konturen tritt stärker in Erscheinung (symptomatisch die Unterschenkel des Achill, die jetzt in ganzer Länge überblickbar sind). Die Gruppe gewinnt so Einansichtigkeit im Sinne Krahmers, der mit dieser Bezeichnung nicht einfach Flächigkeit, sondern den Kontrast zu einem imaginären Reliefgrund meinte, wobei erst der umschließende Kontur eine bildmäßige Einheit schafft (Verf., Antike Kunst 34, 1991, 111). Die Ansicht Taf. 20 wird diesem Gesichtspunkt insofern gerecht, als nur bei ihr die Außenkonturen der Gruppe großenteils in der gleichen Schicht liegen.

Wer Schweitzers Ansicht in einer Abbildung aufgenommen hat (Taf. 18), ist verblüfft, wenn er vor den rekonstruierten Abguß tritt. Die Photographie täuscht ein fassadenhaftes Dreieck mit geschlossenen Konturen vor, das im

Kopf des Aias gipfelt und so an die pyramidale Komposition der Großen Galliergruppe erinnert. Tatsächlich liegt der Kontur der linken Seite (vom Betrachter) aber sehr viel weiter hinten als der ganz vorn befindliche der rechten. Der linke erstreckt sich überhaupt nicht in einer Ebene, sondern steigt vom weit nach hinten gesetzten rechten Fuß des Aias über eine große Distanz bis zu dessen nach vorn stoßenden Schulter an. Diese Seite ist ganz offen. Um sie zu schließen, muß der Betrachter weiter nach links treten und erhält dann die Ansicht, die von den fragmentierten Plinthen gefordert wird (Taf. 20). Die Abflachung von Baumstütze und Chiton des Aias (Schweitzer a. O. Abb. 53–54) legen jedenfalls eine reliefmäßige Rückansicht fest (Taf. 21), die in der oben erwähnten Vorderansicht ihre Entsprechung hat (Taf. 20) und die ihrerseits wieder den meisten Gemmenbildern zugrundeliegt. Der zu ergänzende Schild diente dabei als Folie.

Schweitzer hat diesen Befund keineswegs übersehen, erklärte ihn jedoch durch eine klassizistische Aufstellung, die für die hellenistische nicht maßgebend sei. Er illustrierte sie mit einer übertrieben von links genommenen Aufnahme, bei der der Oberkörper des Achill fast aus dem Blick verschwindet (Schweitzer a. O. Abb. 56). Der Wirklichkeit näher kommt eine kürzlich im Kunsthandel aufgetauchte Statuettenreplik von allerdings stark vergröbernden und vereinfachenden Formen (MüJb 42, 1991, 16 Abb. = hier Taf. 22 a). Für die Tendenz, die Gruppe in die Fläche zu pressen, ist die parallel zur Vorderkante schleifende linke Hand des Achill symptomatisch, die im Original wohl mehr nach hinten wies. Im Umriß entspricht die Statuette aber dem, was die Plinthenreste und die Gemmen überliefern. Daß dies die Ansicht der Kaiserzeit war, wird damit nochmals bestätigt.

Die Berechtigung, davon abweichend nach einer authentischen hellenistischen Ansicht zu suchen, wird niemand bestreiten wollen. Man muß sich allerdings darüber klar sein, daß Schweitzers von der Großen Galliergruppe inspirierte Ansicht den Pasquino nicht zu einer früh- oder hochhellenistischen Schöpfung macht. Dies zeigt sich schon daran, daß der Große Gallier in *keiner* Ansicht die flächigen Projektionen der Körperteile und die Parallelität der Konturen aufweist, die der Pasquino auch in der Aufstellung Taf. 18 bietet. Sieht man ihn unter dem Blickwinkel von Taf. 20, so verliert er einiges von seinem denkmalhaften Charakter zugunsten des erzählenden Elements, wodurch er sich den übrigen ‚homerischen' Gruppen stärker annähert. Dies zusammen mit den oben S. 18 Anm. 22 erörterten Eigenschaften macht wahrscheinlich, daß die Aiasgruppe erst im 1. Jahrhundert v. Chr. entstanden ist. Eine vergleichbare Figur in dem stilistisch allerdings uneinheitlichen Fries von Lagina scheint noch früher zu sein (Schober Taf. 34).

V. Der sog. Kentaurenkopf vom Esquilin

Der aus dem Bereich der *horti Lamiani* stammende, weit überlebensgroße Kopf Taf. 28.30.32 gilt als pergamenisches Original der Altarzeit bzw. als genaue Kopie einer solchen Vorlage (Helbig II[4] 1483. Zuletzt Ch. Häuber in: M. Cima – E. La Rocca, Hrsg., Le tranquille dimore degli dei, 1986, 97ff Abb. 67). Andreae in: AP XIV 80 wies ihn der gleichen Werkstatt zu wie die Polyphemgruppe in Sperlonga und fand in der scheinbaren pergamenischen Eigenart des Werkes ein weiteres Argument dafür, daß die Gruppen von Sperlonga auf hochhellenistische Vorbilder der pergamenischen bzw. der rhodischen Kunst zurückzuführen seien. Die Verbindung des Kopfes mit der Werkstatt von Sperlonga wird in der Literatur sonst anscheinend nicht erwähnt und auch Andreae selbst ist m.W. nicht wieder darauf zurückgekommen, obwohl dies unter mehreren Gesichtspunkten nahegelegen hätte.

Zunächst der stilistische Befund. Schon in der Fundnotiz vom 22. Mai 1874 wird das Fragment als pergamenisches Original bezeichnet und noch heute denken die Betrachter zuerst an die Gigantenköpfe des Großen Altars. Häuber a. O. 98 wollte in der Figur des Zeusgegners Porphyrion sogar ein Werk nach dem gleichen pergamenischen Vorbild wiederfinden. Geht man diesen Vergleichen weiter nach, so werden allerdings beträchtliche Unterschiede deutlich.

Die Skulpturen des Großen Frieses zeichnen sich durch mächtig bewegte Formen aus, die bei aller barocken Fülle doch geschlossene Massen bilden. Gerade daran aber fehlt es unserem Kopf. Haupt- und Barthaar sind in abstehende Fetzen zerlegt, das Gesicht wirkt wie zerklüftet, das Knochengerüst bizarr verformt. Alles dies ist der pergamenischen Kunst der Altarzeit ganz fremd. Man vergleiche etwa den Bart des erwähnten Porphyrion, der trotz der wogenden Bewegtheit eine klar umrissene Masse bildet, mit der unzusammenhängenden Gischt bei dem esquilinischen Kopf. Auch der von anderen verglichene ‚Wilde Mann' aus Pergamon, ein verwandtes spitzohriges Wesen, weist eine ungleich größere Geschlossenheit auf (Arch. Korr. Blatt 6, 1976, 35).

Der Hekategegner Kähler Taf. 54,1 ist wegen des aufgelockerten Haares scheinbar ähnlicher, doch zeigt sich hier ein anderer Unterschied, der sinngemäß auch für die anderen pergamenischen Köpfe gilt: Haupthaar und Bart sind von dem glatteren Gesicht deutlich geschieden und der kugeligen Grundform des Kopfes lediglich aufgesetzt, während bei dem Kentauren Haar und Inkarnat die gleiche unruhige Mache verraten. Trotz der pathetischen Situation strahlen die Gigantenköpfe denn auch zumeist eine viel größere Abgeklärtheit aus, ein Unterschied, den schon R. Kekulé im Vergleich zum Laokoon feststellte.

Die stilistischen Eigentümlichkeiten des vermutlichen Kentauren hingegen, nämlich die expressive Verformung des Ganzen, die wie geknetet wirkende Modellierung des Gesichtes, die porzellanhafte Unterarbeitung von Brauen und Schnurrbart, finden ihre nächste Parallele tatsächlich in Sperlonga und hier vor allem im Odysseus der Polyphemgruppe (Taf. 6.33). Mit diesem teilt er auch den Kerbstil der Locken, die knorpelartigen Formen der Stirn und die weichen Augenlider. Ich bilde eine Anzahl neuerer, von L. Musso und A. Mura Sommella vermittelter Aufnahmen der Kapitolinischen Museen ab, die diese Verwandtschaft deutlicher erkennen lassen als die bekannten Photos von Sansaini (Taf. 28.30.32. Taf. 28 schon bei Häuber a. O.). Das großkristalline, zuckrige, anscheinend kleinasiatische Material weist in die gleiche Richtung, und so erscheint es nicht zu gewagt, das Fragment der gleichen Werkstatt zuzuschreiben. Nachtrag S. 72.73.

Ist dies richtig gesehen, so erhebt sich gleich die Frage, was der Kentaurenkopf zur Problematik von Sperlonga beisteuern kann. Hier ist eine Beobachtung von R. E. Hecht von großem Interesse, der auf merkwürdige Übereinstimmungen in den Lockenmotiven von Haupt- und Barthaar mit dem physiognomisch und stilistisch völlig anders wirkenden kolossalen Polyphem in Boston (Taf. 29, 31) hinwies (R. E. Hecht in: Memoirs of the American Academy in Rome 24, 1956, 138 ff). Die Anordnung der Locken z. B. rund um den Mund geht so weit überein, daß dies unmöglich zufällig sein kann. Hecht erklärte den Befund so, daß er im Kentaurenkopf ein Original oder die genaue Kopie eines solchen annahm, von dem der Polyphem eine Umbildung sei. Diese hätte sich dann aber nicht auf den Körper bezogen, der sicher ganz anders aussah, ja nicht einmal auf den ganzen Kopf, dessen rechtes Profil mit dem Kentauren nicht übereinstimmt. Wahrscheinlicher haben wir es hier mit einem Eklektizismus von komplexen Einzelformen zu tun, einer Art von Standardfloskeln, die auf verschiedene Vorlagen übertragen werden konnten. Das Verfahren erinnert an den, diesmal nicht in den Frisuren, sondern in den Gesichtszügen liegenden Eklektizismus der bekannten, ‚Marius‘ und ‚Sulla‘ getauften Köpfe der Münchner Glyptothek (wenn denn der sog. Sulla wirklich auch antik ist). S. Nachtrag.

Während der Kentaure und der Odysseus der Polyphemgruppe ihre gemeinsame Herkunft auf den ersten Blick zu erkennen geben und auch bei dem physiognomisch vergleichbaren Steuermann der Skyllagruppe der Zusammenhang noch deutlich spürbar ist, lockert sich das Verhältnis beim Laokoon. Dies erklärt sich durch die wahrscheinlich jüngere Entstehung (Verf. Antike Kunst a. O. S. 114), durch Unterschiede der Ausführung bei einem Werk, das in einem Prunksaal aufgestellt werden sollte (s. o. S. 11), aber wohl auch aus den verschiedenen Vorbildern, die jeweils zugrundegelegt wurden. Daraus schließen zu wollen, der Kentaure kopiere ein pergamenisches Werk der Altarzeit, wäre sicher voreilig, wie nicht nur die erwähnten stilistischen Unterschiede gegenüber den Giganten des Großen Frieses und dem ‚Wilden Mann', sondern auch die eklektische Verwendung von Lockenmotiven beweisen. Ähnlich wie beim Odysseus der Polyphemgruppe und beim Laokoon benutzen die rhodischen Meister auch bei ihrem vermutlichen Kentauren ‚barocke' Formen nur als Floskeln und Ausdrucksträger, die sie in der Laokoongruppe ohne weiteres mit ‚klassischen' Körpern verbinden. Wie weit auch dies von Vorbildern des 1. Jahrhunderts v. Chr. vorweggenommen wurde, ist schwer zu entscheiden. Der Bostoner Polyphem könnte dafür sprechen, denn er kopiert in trajanischer Zeit die Figur einer spätrepublikanischen ‚homerischen' Gruppe und benutzt dabei bereits Lockenmotive, welche auch bei dem Kentauren Verwendung fanden. Wer aus der Londoner Replik des Weinschlauchträgers schließt, daß das gemeinsame Vorbild in Sperlonga vollständig und genau kopiert wird, muß ebenso den Odysseus der Vorlage des 1. Jahrhunderts v. Chr. zuschreiben. Denkbar wäre aber auch, daß die Rhodier Teile nach eigener Erfindung austauschten und daß Kopieren bei ihnen, wie im Falle des Laokoon sehr wahrscheinlich, in freies eklektisches Schalten überging.

Merkwürdigerweise hat der Kentaure in der Diskussion um den geschichtlichen Hintergrund der rhodischen Werkstatt bisher keine Rolle gespielt, obwohl er mindestens *eine* sichere Information liefert. Der zweifelsfrei festgehaltene Fundort an der Via Machiavelli nahe der Piazza Vittorio Emanuele II führt auf die Herkunft des Fragments aus den *horti Lamiani* bzw. den benachbart liegenden *horti Maecenatiani* oder *Maiani.* Diese Gärten waren teils sicher teils wahrscheinlich schon in der Zeit des Tiberius kaiserliches Eigentum (die Gärten des Maecenas erbte schon Augustus, die anderen waren später im Besitz Caligulas. Vergl. auch Sueton, Tiberius 15). Wenn die Zuschreibung des Kentauren richtig ist, treffen wir demnach die rhodische Werkstatt, die laut Plinius die Laokoongruppe für das Kaiserhaus schuf, wieder auf kaiserlichem Grund und Boden. Für die Annahme, daß Sperlonga eine kaiserliche Villa war, ist dies ein zusätzliches Argument. Auch der Bezug auf Tiberius, den ersten kaiserlichen Besitzer der Gärten am Esquilin, erhält neue Nahrung. Aber natürlich ist eine spätere Datierung dadurch vorläufig nicht ausgeschlossen.

VI. Anmerkungen zu: B. Andreae, Praetorium Speluncae

Ein Vierteljahr nach Abschluß meines Manuskripts erhalte ich durch die Freundlichkeit des Verfassers B. Andreae seine Abhandlung Praetorium Speluncae. Tiberius und Ovid in Sperlonga (Abh. Mainz 1994). Er begründet darin seine Hypothese, daß die Ausstattung der Höhle von Sperlonga von Ovid und speziell von dessen Metamorphosen inspiriert sei, was ich aufgrund seines Münchner Vortrags bereits berücksichtigt hatte (hier S. 14). Im Folgenden beschränke ich mich auf einige Hauptpunkte.

Trotz eines großen Aufgebots von Fakten, Vermutungen und Kombinationen ist es A. nicht gelungen, seine These wahrscheinlich zu machen, und zwar deshalb, weil er unbewiesene Voraussetzungen einführt und die Kontexte nicht kritisch untersucht. Bezeichnend ist die Behandlung der vieldeutigen Buchstaben PH einer Mosaikinschrift, die sich auf eine mit den Skulpturen nicht zusammenhängende Wiedergabe der Argo am Eingang der Höhle bezieht. Nach Andreae sind sie ein Kürzel für *puppis Haemonia* und damit ein Zitat aus Ovids *ars amatoria,* wo diese poetische Bezeichnung der Argo verwendet wird (1, 6). Obwohl er selbst ein nachtiberisches Datum der Inschrift nicht ausschließt (a. O. 27), wird diese Kombination im weiteren Verlauf der Untersuchung immer wieder als sicherer Beweis für die Verknüpfung der Skulpturenausstattung mit dem Dichter angesehen[1]. Daß abgesehen von der nicht verifizierbaren Deutung auch der Zusammenhang der Skulpturen mit dem Mosaik noch nachgewiesen werden müßte, findet keine Berücksichtigung.

Noch gravierender ist, daß das Plädoyer des Odysseus im Waffenstreit des 13. Buches der Metamorphosen nicht primär aus der Situation gedeutet wird, vielmehr als Ovids programmatische Sicht der römischen Frühgeschichte und des römischen Selbstverständnisses. Die Hinweise darauf, daß dies eine Übung in rabulistischer Rhetorik ist – u. a. die falschen Tränen gleich zu Anfang, das Murren der Zuhörer bei einer besonders dick aufgetragenen Lüge –, werden von A. nicht in Rechnung gestellt. Für ihn ist die auf logischen Schleichwegen gewonnene Behauptung des Odysseus, er habe Troja besiegt, auch die Ansicht des Dichters und seines angeblichen kaiserlichen Freundes (132), der die Bilder aus der Waffenstreitrede in das Programm von Sperlonga übernimmt und sich dabei mit dem siegreichen Odysseus identifiziert (163).

[1] Nach freundlicher brieflicher Mitteilung Andreaes ist der von ihm herangezogene Mosaikspezialist F.B. Sear von der tiberischen Datierung jetzt ebenfalls überzeugt. Die positiven Gründe für diese Festlegung werden nicht erwähnt, wie denn Andreae auch sonst häufig Autoritäten anführt, wo man lieber Argumente hätte.

Es gibt gute, wenn auch nicht entscheidende Gründe, für die Villa in Sperlonga kaiserliche Besitzer anzunehmen, zu denen vielleicht tatsächlich auch Tiberius einmal gehörte (s. o.). Die Vermutung Andreaes, die Claudier hätten sich auf Telegonos und Odysseus zurückgeführt und Tiberius habe sich auf diesem Hintergrund mit dem Helden identifiziert, bleibt trotz weitgespannter gelehrter Kombinationen unbewiesen, wird aber immer wieder als sicher vorausgesetzt. Die mehr als vagen Hinweise in dieser Richtung will der Autor um Juvenal 10, 84 bereichern, wo Tiberius mit Odysseus, Seian mit Aiax gleichgesetzt seien. Da dies philologisch nicht zu erweisen ist, argumentiert er mit der angeblichen archäologischen Information, Tiberius habe in Sperlonga „Bilder der Waffenstreitrede aus den Metamorphosen Ovids in die Ikonologie der Villa übernommen und sich dabei mit dem siegreichen Odysseus identifiziert" (a. O. 163): eine Behauptung, die u. a. durch die Juvenal-Stelle ja gerade erst bewiesen werden sollte.

Ganz entschieden gegen eine solche Hypothese spricht eine Stelle bei Tacitus, Annalen IV, 9. Er schildert hier den Aufzug der Ahnenbilder, die beim Begräbnis des Drusus, Sohn des Tiberius, mitgeführt wurden. Dabei waren sowohl die julischen wie die claudischen Vorfahren bis zu den Stammvätern zu sehen. Bei den Juliern ging die Reihe bis auf Aeneas zurück, bei den Claudiern bis auf den Sabiner Attus Clausus. Hätten die Claudier in Odysseus ihren Stammvater gesehen und wäre er hier als Entsprechung zu Aeneas aufgeführt worden, so hätte Tacitus dies unbedingt berichten müssen: *funus imaginum pompa maxime inlustre fuit, cum origo Iuliae gentis Aeneas omnesque Albanorum reges et conditor urbis Romulus, post Sabina nobilitas, Attus Clausus ceteraeque Claudiorum effigies longo ordine spectarentur.* Andreae hat dieses kapitale Gegenzeugnis nicht erwähnt (S. auch sein Register a. O. 196). Es wird ergänzt durch Annalen IV 43, wo Tiberius sich als Verwandter der Venus geriert und in dieser Eigenschaft ihren Tempel auf dem Eryx wiederherstellt.

Ein Einfluß von Ovids Metamorphosen auf das „Programm", wie A. ihn fordert, ließe sich nur aus Hinweisen in den Gruppen selbst erschließen, denn die Daten sprechen eher dagegen. Mit diesen Schwierigkeiten, nämlich daß die Metamorphosen bei der Rückkehr des Tiberius 2 n. Chr. kaum begonnen und zum Zeitpunkt der Verbannung des Dichters 8 n. Chr. immer noch nicht veröffentlicht waren, setzt sich A. nicht auseinander. Seine These macht unter diesen Umständen die Annahme eines jahrelangen, engen Verkehrs der beiden in Sperlonga selbst notwendig (129), wovon keine historische Quelle etwas weiß. Angesichts von Tiberius' späterem Verhalten gegenüber dem Dichter wäre eine solche Tatsache sicher in irgendeiner Form überliefert worden.

Bleiben also nur die Figurengruppen selbst, zunächst der Pasquino (28–37). Durch seine Umtaufe auf Odysseus mit dem Leichnam Achills wäre er der einzige denkbare Hinweis auf Ovid, wenn sich diese Benennung wirklich beweisen ließe. Dagegen spricht jedoch viel, einiges ist oben schon erwähnt. A. beharrt gegen R. Wünsche darauf, daß der Pasquino nicht Aias und Achill, sondern Menelaos und Patroklos darstellt. Nur auf diese Weise wird nämlich die merkwürdige Umgestaltung des linken Fußes bei Achill auch zum Indiz einer Umbenennung. Tatsächlich sind die Argumente für Menelaos und Patroklos jedoch nicht durchschlagend, setzen sie doch voraus, daß die Gruppe nicht einen mythischen Höhepunkt, sondern entweder ein beiläufiges Geschehen um eine Nebenfigur namens Podes oder einen vorübergehenden und noch dazu abgebrochenen Versuch zur Bergung des toten Patroklos darstellt; denn jeder wußte natürlich, daß zwei Männer notwendig waren, seinen Leichnam zu retten. Bei der trotz einiger Schwierigkeiten wahrscheinlichen Deutung auf Aias und Achill ist die Veränderung des Fußes keine Umdeutung, sondern nur eine Verdeutlichung.[2] Die angebliche Ähnlichkeit zwischen Menelaos und Odysseus, mit der A. die Umtaufe u. a. plausibel machen will (106), besteht nur darin, daß beide Irrfahrten zu bestehen hatten. – Als Konsequenz der Deutung auf Menelaos werden die tatsächlichen Verhältnisse auf den Kopf gestellt: der Verfertiger der Tensa Capitolina (Taf. 22 a) mußte für den Achillzyklus auf eine Menelaos-Gruppe zurückgreifen, weil es eine entsprechende Achillgruppe angeblich nicht gab (107).

Mit der Unmöglichkeit, im Pasquino Odysseus zu erkennen, entfällt auch der einzige denkbare Anknüpfungspunkt des „Programms“ an Ovid, denn die anderen drei Gruppen und der Ganymed, wenn er denn wirklich zur ursprünglichen Ausstattung gehört, sind entweder zu wenig spezifisch oder weichen sogar von den Metamorphosen ab. A. möchte den Bezug des Ganymed auf Tiberius mit der rhetorisch gemeinten Frage entscheiden, wer denn sonst mit Jupiter hätte gleichgesetzt werden können (118). Aber da Ganymedfiguren auch in anderen Villen zu finden sind, besteht überhaupt kein Anlaß zu einer speziellen Verbindung (Neudecker a. O. 467).

Die übrigen Gruppen lassen sich nur künstlich und gewaltsam mit den Metamorphosen verknüpfen. Die Palladionraubgruppe in Sperlonga weicht eklatant von der Darstellung im 13. Buch ab, wo Odysseus behauptet, das Idol selbst getragen zu haben, was üblicherweise, und so auch in der Gruppe von Sperlonga, Diomedes besorgt. A. hält dies wie auch die übrigen Behauptungen des Plädoyers zugleich für eine Aussage des Dichters selbst (43, 52), obwohl dieser durch das Murren der Zuhörer den Unwillen über die Unverschämtheit deutlich zum Ausdruck bringt. Auf den folgenden neun Seiten wird der Un-

[2] Andreaes Behauptung, die Veränderung setze eine Umbenennung voraus, ist natürlich nicht zwingend (33).

terschied zwischen Gruppe und Rede – das eine ist ja wohl das Gegenteil vom andern – mit keinem Wort mehr erwähnt, doch kommt der Verfasser zu dem Ergebnis, daß der Betrachter die Gruppe „genau in dem von Ovid vorgegebenen Sinn ablesen konnte“ (52). Statt dies zu kommentieren, weise ich auf zwei Sachprobleme hin: Trotz des schon von P. C. Bol erhobenen Einspruchs bleibt A. dabei, den Odysseustypus von Sperlonga mit dem der Beinkiste in Athen gleichzusetzen, dazu s. o. S. 24f. Er führt jetzt dankenswerterweise die oben erwähnten Beinfragmente des Diomedes ein, die erwartungsgemäß eine ausschreitende Figur für die Rekonstruktion fordern (47). Das Problem, wie die beiden Figuren zueinander stehen, hat A. offenbar nicht gesehen, jedenfalls wiederholt er Taf. 8–9 die gleiche Rekonstruktion, die hier S. 27 kritisiert wurde.

Die Blendung Polyphems ist in den Metamorphosen vorausgesetzt, aber nicht eigens erwähnt, geschweige denn beschrieben. A. hält in diesem Falle Zweifel an dem Bezug auf Ovid für möglich, findet dann jedoch „eine positive Entscheidung aus der künstlerischen Geschlossenheit des Gesamtkunstwerks“ (82). Die Gründe sieht er in der Wahl des dargestellten Moments, ein Gesichtspunkt, der mit dem Ovidproblem offenbar nichts zu tun hat. In diesem Zusammenhang fällt ihm auch die Ähnlichkeit der Odysseusfiguren von Weinreichung und Blendung auf, er sieht die eine in der Haltung der anderen „noch nachwirken“ (60, 112). Ein typologisches Problem erkennt er darin nicht, hält es jedoch für möglich, daß es in Sperlonga noch eine Weinreichungsgruppe im gleichen Maßstab gab. In diesem Falle wäre die Geschichte hier wie in einer Buchillustration, aber mit kolossalen Figuren, kontinuierend erzählt worden (109). Schließlich räumt er doch ein, daß ihm der Nachweis ovidischen Einflusses „nicht mit der gleichen Stringenz wie bei dem Kürzel PH“ gelungen sei (112). Das hindert ihn jedoch nicht, gerade der Polyphemgruppe eine besondere Bedeutung für den Auftraggeber Tiberius beizumessen. So wie der Grieche Achaemenides bei Ovid von Aeneas vor Polyphem gerettet wird und sich aus Dankbarkeit den Trojanern anschließt, so mußten auch die Claudier als Nachfahren des Odysseus einmal die Fronten wechseln (126).

Auch zu dieser Gruppe einige sachliche Hinweise: Der verlorene, nur durch Abgüsse erhaltene Berliner Kopf seiner Taf. 15, 1 wird von A. mit dem Kopf des Aias verglichen, um Polyphemgruppe und Pasquino dem gleichen Meister zuzuschreiben (78 ff.). Dabei fehlt jeder Hinweis darauf, daß diesem Kopf die ganze linke Gesichtshälfte fehlte, daß er also weitgehend ergänzt und sicher auch überarbeitet war. A. Conze hielt ihn sogar für eine Fälschung.[3] Falls an-

[3] Vergl. Verf. Antike Kunst 34,1991,104.

dere Archäologen die von A. aufgezeigte Übereinstimmung der Handschrift nicht erkennen, muß die Meisterforschung seiner Ansicht nach aufgegeben werden (171). – Der Schematismus der Odysseusgefährten, den schon Lauter bemerkt hatte, und die Verwendung des gleichen Odysseustypus bei Weinreichung und Blendung veranlaßten mich seinerzeit, bei der Polyphemgruppe von Eklektizismus zu sprechen. A. hält das für ehrenrührig und möchte den Ausdruck auf so geringfügige Änderungen beschränken, wie sie am Mantel des Odysseus in der Palladionraubgruppe und am Bein des Achilleus beim Pasquino vorgenommen wurden, also etwas, was man gemeinhin als Kopistenvariante bezeichnet (62f., 80f). Nach A. sind die Gefährten sowohl in der Polyphem- wie in der Skyllagruppe Naturstudien aus der Palästra bzw. bei Seeschlachten. Dabei ist der typologische Charakter dieser Figuren völlig übersehen, wie z. B. der frontal aus dem Meer gefischte Gefährte der Skyllagruppe beweist: Er begegnet schon auf der Berliner Spiegelkapsel, also ein Jahrhundert vor dem angeblichen Original der Skyllagruppe. Eklektisch ist bei A. nicht nur ein kunstgeschichtlich bedingtes, epochales Phänomen, sondern immer auch ein abwertendes Qualitätsurteil, weshalb solche Denkmäler bei ihm gleich als „eklektische Machwerke" qualifiziert werden. Aber wenn irgendetwas aus den Forschungen der letzten Jahrzehnte deutlich geworden sein sollte, so doch dieses, daß Eklektik die künstlerische Sprache des späten Hellenismus und der Kaiserzeit ist, die Sprache, die auch von den jeweils führenden Meistern und Werkstätten gesprochen wird. – Daß es von eklektischen Werken der Villa Hadriana keine Kopien gibt, hat doch wohl nichts zu bedeuten, denn in anderen Fällen sind eklektische Statuen ausgiebig kopiert worden, vom Stephanosknaben allein sind zwanzig Repliken erhalten.

Die Skyllagruppe läßt ikonographisch nichts erkennen, was sie mit einer speziell ovidischen Version des Themas verbände. A. findet aber auch hier einen Anknüpfungspunkt: Ovid ist der einzige Dichter, bei dem Skylla versteinert wird. Eben das geschieht aber mit der Gruppe in Sperlonga, denn bei ihr ist ein Bronzeoriginal in Marmor umgesetzt (84, 125). Nach dieser Logik müssen auch das Schiff des Odysseus, dieser selbst und der Steuermann als versteinert angesehen werden. Zu Einzelheiten: A. sieht Odysseus einen gezielten Lanzenwurf „aus nächster Nähe" vollziehen, dann aber nach dem Steuer greifen, „während die Lanze noch ihre Bahn beschreibt" (89). Wie sie das bei ‚nächster Nähe' des Zieles tun kann, bleibt unklar (s. o. S. 30) – Das Schiff des Odysseus identifizierte A. schon früher als Trihemiolia, einen Schiffstyp, der angeblich im frühen 2. Jahrhundert auf Rhodos entwickelt wurde (95). Wenn allerdings das Hypozoma ein Kennzeichen des Typus sein soll, so müßte er wesentlich älter sein, denn es kommt schon an den Schiffen der oben zitierten calenischen Schale vor (hier Taf. 10 a). Die schlagenden Einwände, die

A. Geyer gegen die chronologische Auswertung der angeblichen Trihemiolia vorgebracht hatte, sind nicht berücksichtigt, nicht einmal zitiert.[4] – Daß ich die Skylla für eine Schöpfung claudisch-neronischer Zeit erklärt hätte, trifft nicht zu. – Die Heimat des hypothetischen Originals ergibt sich nach A. nicht aus der Künstlersignatur, sondern „weil der dargestellte Schiffstypus ein rhodischer ist und das Denkmal nur in Rhodos einen Sinn hat"(103). Dies gilt dann in anderen Zusammenhängen als gesicherte Voraussetzung.

Ich lasse noch einige unzusammenhängende Bemerkungen zu Punkten folgen, die in der Diskussion eine Rolle spielen: Die Archäologen, die den Laokoon in neronisch-flavische Zeit datieren (was nicht für alle der zitierten Autoren wirklich zutrifft), tun dies angeblich nur aufgrund einer Fehlinterpretation der Faustinusinschrift, wovon keine Rede sein kann (16f). – Homerische Gruppen in kolossalem Maßstab sind nach A. dem Kaiser vorbehalten, und schon deshalb muß die Grotte bei Sperlonga eine Kaiservilla sein (121f). In der Zeit der Skulpturen kommt dafür nur Tiberius in Frage. A. übersieht dabei die homerischen Gruppen des um 60 v. Chr. untergegangenen Schiffes von Antikythera, die exakt das gleiche Format haben wie die entsprechenden Figuren in Sperlonga, nämlich etwas über 2 m. Während er das Schiff von Mahdia als Beweis dafür nimmt, daß überlebensgroße Figuren in Villen zur Zeit des Schiffbruchs noch nicht üblich waren, wird Antikythera in diesem Zusammenhang nicht erwähnt. – Entwaffnend ist das Argument gegen die Spätdatierung des Pasquino (185): Um 50 v. Chr. habe es im ganzen Mittelmeergebiet keinen Auftraggeber für ein solches Werk gegeben, den man auch nur mit einem Minimum an Wahrscheinlichkeit namhaft machen könne. Für Kombinationen, die nicht willkürlicher wären als die Verbindung des Laokoon mit Scipio Aemilianus, fehlt es aber natürlich auch in dieser Zeit nicht an Namen. Wie wäre es mit Julius Caesar, von dessen Bau- und Kunstleidenschaft Sueton ebenso fabelhafte Dinge zu berichten weiß wie von seinem Villenluxus (Caes. 10, 26, 28, 30, 44, 46, 47, 83). – Als Grundlage seines Vorgehens bezeichnet A. weiterhin die Tatsache von Kopien, außerdem Werke der Kleinkunst, die pauschal als Nachbildungen bezeichnet werden, und die umstrittene Pliniusstelle, an der nach seiner Meinung die Marmorkopie nach einem Bronzeoriginal des Laokoon gemeint ist. – Seine methodische Einstellung faßt A. in dem Satz zusammen: „Der Autor muß von seinen Ausführungen überzeugt sein und braucht nicht immer und grundsätzlich methodische Zweifel in scholastischer Manier selbst anzumelden"(42).

[4] A. Geyer in: GGA. 243, 1992, 64 (vgl. Anm. 57).

Nachträge

S. 28 Anm. 47: Auf einer sizilischen Münze des Sextus Pompeius nach 38 v. Chr. spielt eine Skylladarstellung tatsächlich auf einen Seesieg an, dient aber hier als Ortsbezeichnung. Gemeint ist der Sieg, den Pompeius über die Flotte des Octavian beim Scyllaeum vor der Meerenge von Messina errang (Rückseite Leuchtturm von Messana). Bezeichnenderweise ist Skylla hier allein, ohne Odysseus und seine Gefährten wiedergegeben. Nach einem Bericht erwies sich Skylla übrigens bei dieser Gelegenheit als Verbündete des Sextus, insofern sein Gegner Q. Salvidienus Rufus mit den Strömungen in der Straße von Messina nicht fertig wurde: Kent – Overbeck – Stylow – Hirmer, Die römische Münze, 1973, Taf. 27,105.

S. 29: Andreae in: FAZ Geisteswissenschaften vom 3.5.1995 hält es für möglich, daß die a. O. abgebildete Skyllastatuette in Afyon das Modell für die Gruppe in Sperlonga war, doch ist die Arbeit nach der Abbildung zu urteilen antoninisch oder später.

S. 34: Zur Marsyasgruppe s. jetzt R. Wünsche in: Apoll schindet Marsyas. Über das Schreckliche in der Kunst. Ausstellung Bayrisches Nationalmuseum München 1995, 19–47.

S. 49 Anm. 88: Zum Torso vom Belvedere Verf. FAZ vom 3.1.1996 Beilage Geisteswissenschaften und AA. 1996 (im Druck) mit Verweis auf die Beobachtungen von G. Ortiz und R. Wünsche.

S. 56: Neue Argumente für die Authentizität des Laokoonskarabäus im Brit. Mus. liefert J. M. Moret in: Journal des Savants, 1995, 31ff. (Der Hinweis wird E. Zwierlein-Diehl verdankt). Er ordnet ihn einer Werkstattgruppe zu, die er in die zweite Hälfte des 4. Jahrhunderts datiert. Im Anschluß an Furtwängler nimmt er für einige Darstellungen der Steine Gemälde als Vorbilder an. Moret hält die Gruppe nicht mehr für etruskisch, sondern vermutet Entstehung in Rom oder Latium. – J. Boardman, der die unveröffentlichte Rückseite des Skarabäus untersuchte, teilt brieflich mit: ‚Certainly ancient, does not seem to have been retouched. The back is a very good one, well detailed, rather better than AGDS Berlin nr. 294 or Oxford Cat. I nr. 273. In any case well before the end of the 3rd century!'

S. 58: Nach griechischen Presseberichten wurde in Luku eine weitere Replik des Pasquino zusammen mit Kopien der Achill-Penthesileagruppe, einer Niobidin und der Gruppe des Silen mit Dionysoskind gefunden.

S. 63: Die frontale Ansicht des Kentaurenkopfes und das rechte Profil in den gleichen Aufnahmen jetzt auch abgebildet von P. Moreno, Scultura ellenistica I (1994) 402 Abb. 515, 517. Moreno bringt den Kentauren mit den Gruppen von Sperlonga zusammen und hält ihn ebenso wie diese für eine Marmorkopie nach einem rhodischen Bronzeoriginal. Er scheint die Vorbilder aller dieser Werke in die Zeit des Zeusaltars von Pergamon zu setzen und sieht engste Beziehungen zwischen dem

Kentauren und den Giganten des Großen Frieses. Zugleich schreibt er das Fragment der Chiron-Achillgruppe in den Saepta (Plin. 36, 29) zu, was H. Sichtermann schon vor vielen Jahren überzeugend abgelehnt hatte. Vergl. auch seine Abb. 584–6 auf S. 463. – Auf Morenos ausführliche Behandlung der ‚homerischen' Gruppen kann ich hier nicht mehr eingehen. Er folgt im wesentlichen den Ansätzen Andreaes, die er auf seine Weise weiterentwickelt. So sind nicht nur die Gruppen in Sperlonga Marmorkopien von Bronzewerken, sondern auch die Dirkegruppe von Apollonios und Tauriskos (a. O. 372). Die ursprüngliche Bronze wird einem Phyles zugeschrieben, denn dieser rhodische Bildhauer stammte aus Halikarnass, wo das Maussolleion schon ein Motiv der Dirkegruppe vorwegnimmt. Aus der Biographie des Künstlers ergibt sich, daß er sie in der Zeit der Großen Gallier schuf und den Rhodiern schenkte, die ihm dafür den Titel eines Euergetes verliehen. Diese erste Fassung war ein Symbol des Erdbebens von 227/6 und hielt bei den Überlebenden die Erinnerung an die kürzliche Verheerung der Insel wach. Man sieht hier sehr schön, wie die hellenistische Kunstgeschichte durch die neue Methode an Farbe und Plastizität gewinnt.

S. 63: Durch die Freundlichkeit des Verfassers Eugenio La Rocca erhalte ich ein noch unpubliziertes Vortragsmanuskript vom Mai 1995, in dem er zu einer weitgehend übereinstimmenden Bewertung des sog. Kentaurenkopfs vom Esquilin gelangt und daraus ähnliche Schlußfolgerungen für Sperlonga und den Laokoon zieht.

S. 64: Nach erneuter Autopsie habe ich erhebliche Zweifel an der antiken Entstehung des Münchner ‚Sulla'. Trotz der immer wiederholten gegenteiligen Behauptung ist die Oberflächenbehandlung, aber auch der barocke Stil von dem des ruhigeren ‚Marius' markant verschieden. Nach den Abbildungen dürfte aber die Replik aus Pal. Borghese antik sein.

S. 66: In der italienischen Ausgabe seiner Abhandlung Praetorium Speluncae (1995 Soveria Mannelli-Catanzaro) 44f hält Andreae an seiner Auffassung fest, daß das Plädoyer des Odysseus im 13. Buch der Metamorphosen Ovids Sicht der römischen Vorgeschichte wiedergibt. Das in der deutschen Fassung (S. 42f) bis Vers 355 ausgeschriebene Zitat endet in der italienischen jedoch schon bei Vers 349. Das im folgenden Vers erwähnte Blicken und Murmeln, mit dem die Zuhörer auf Odysseus' unverschämte Lügen reagieren und auf Diomedes als den eigentlichen Helden des Palladionraubs hinweisen, fällt so unter den Tisch.

S. 67: In: (V. M. Strocka, Hrsg.), Die Regierungszeit des Kaisers Claudius (41–54 n. Chr.), 1994, 238ff nimmt Andreae die jetzt als völlig sicher vorausgesetzte Abstammung der Claudier von Odysseus zum Anlaß, eine noch weiter überzogene Deutung zu äußern. In seiner Rekonstruktion stattet er das Triklinium von Baiae mit Statuen von Vorfahren und Angehörigen des Claudius aus, der selbst aber nicht dargestellt gewesen sei. Die Erklärung dafür biete die in der Apsis des Saales aufgestellte Polyphemgruppe: Der Odysseus dieser Gruppe sei zugleich Claudius. Der Kaiser bekunde damit, er sei ein Claudier und identifiziere sich mit dem Heros Ktistes seiner Familie, mit Odysseus. Tatsächlich bezeichnet Claudius – wie schon Tiberius (s. o. 67) – den Sabiner Attus Clausus als seinen ältesten Vorfahren (Tac. Ann. 11,24, vergl. 12,25).

S. 67: Die vagen Hinweise auf eine angebliche Abstammung der Claudier von Odysseus lassen sich um ein Andreae anscheinend entgangenes Detail vermehren, dessen Kenntnis ich W. D. Lebek verdanke. Es handelt sich um das Zitat aus einem Brief des Augustus an Tiberius bei Sueton Tib. 21,6 (nicht im Register bei Andreae). Durch einen Vers aus der Dolonie (Il. 10,246), in dem Diomedes Odysseus als Gefährten wählt, setzt der Kaiser seinen Stiefsohn in lobender Absicht mit Odysseus gleich und hebt auf dessen Umsicht ab. Zweifellos handelt es sich aber hier um einen augenblicklichen, spielerischen Einfall des Augustus, der sich auch sonst gern mit griechischen Versen schmückte. – Noch weniger dürfte mit der Nachricht bei Pausanias 5.25,8 ff. anzufangen sein, derzufolge Nero aus dem Achäervotiv des Onatas in Olympia ausgerechnet die Statue des Odysseus nach Rom entführt haben soll. Da ebenfalls nach Pausanias bei der Gruppe nur Agamemnon durch Inschrift bezeichnet war, bleibt allerdings unklar, worauf die Identifikation beruhte.

S. 68: Der Kampf um den Leichnam des Patroklos endet erst Il. 18,152 bzw. 231 ff., wo nur noch die beiden Aias erwähnt werden. Über die Größe des Aias P. von der Mühll, Der große Aias = Rektoratsprogramm Basel 1930. Um die Heldentat des Telamoniers zu unterstreichen, stellen archaische Vasenmaler – z. B. auf dem Klitiaskrater – den Leichnam des Achill noch viel größer dar als die Figur des Trägers.

S. 86 Anm. 64: Zu der Hypothese, der Skulpturenschmuck römischer Villen leite sich von Vorbildern in hellenistischen Palästen und Parks ab, ausführlich Chr. Kunze, Die Skulpturenausstattung hellenistischer Paläste, in: W. Hoepfner – G. Brands (Hrsg.) Basileia. Die Paläste der hellenistischen Könige. Internationales Symposion Berlin 1992 (1996). Der Verfasser, der auf prinzipielle Unterschiede zwischen beiden Bereichen hinweist, kommt zu einem weitgehend negativen Ergebnis. Die materialreiche Arbeit berücksichtigt auch die Ausstattung spätklassischer Privathäuser, die als Hintergrund der hellenistischen Erscheinungen angesehen werden muß.

Tafel 1: Die Villengrotte am Monte Ciannito

Tafel 2: Polyphemgruppe. Rekonstruktion in Bochum, Ruhruniversität

Tafel 3a: Relief mit Polyphemabenteuer Catania

Tafel 3b: Zeichnung nach dem Relief Abb. a

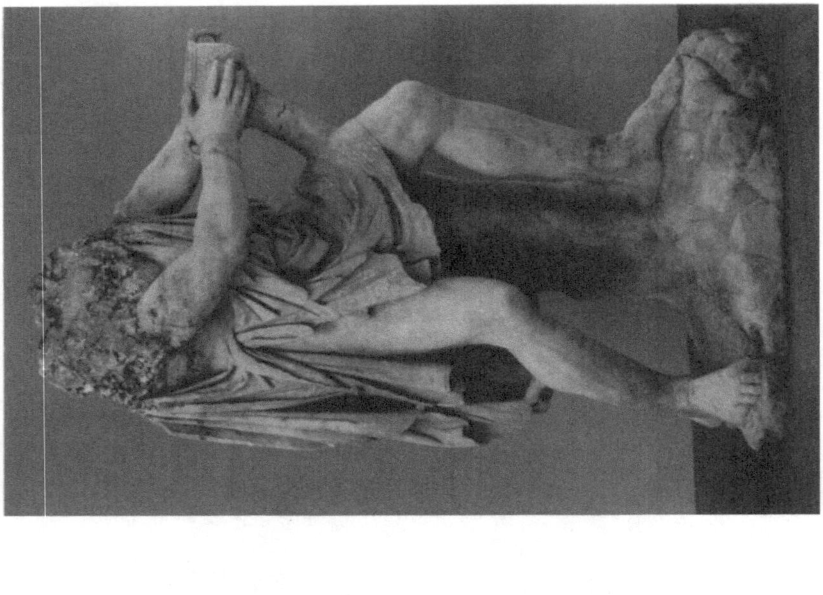

Tafel 4a: Odysseus Weinreichungsgruppe Baiae

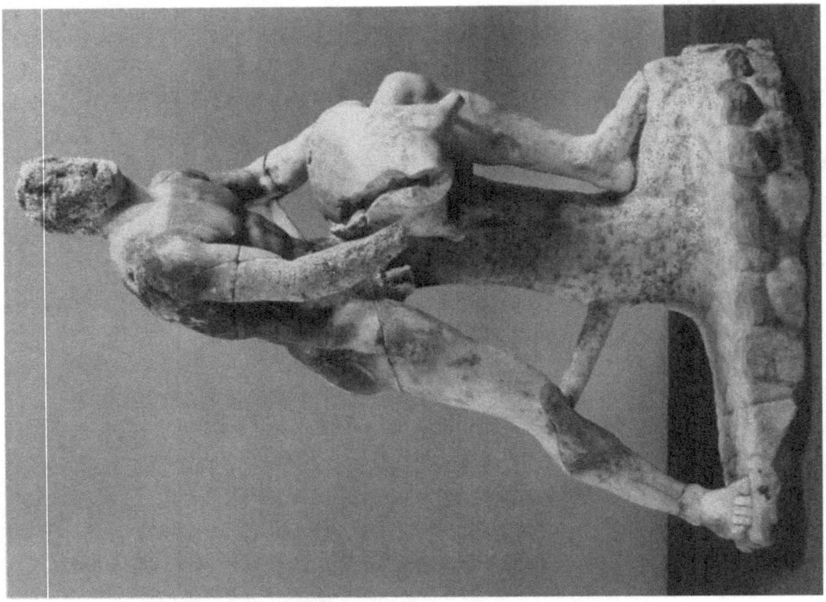

Tafel 4b: Gefährte mit dem Weinschlauch aus der gleichen Gruppe

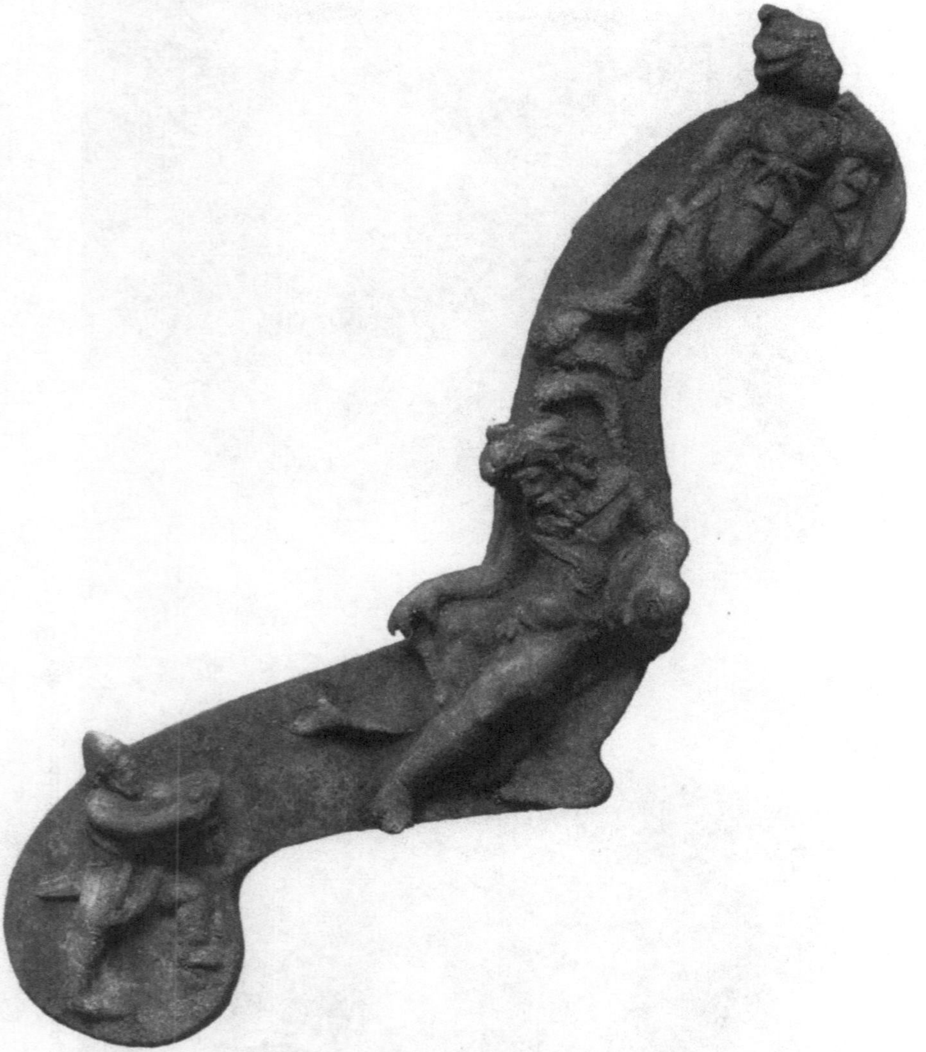

Tafel 5: Fulcrum mit Polyphemabenteuer, Privatbesitz

Tafel 6a, b: Kopf des Odysseus in der Polyphemgruppe Sperlonga

Tafel 7b: Kopf des Weinschlauchträgers Sperlonga

Tafel 7a: Kopfreplik des Weinschlauchträgers, London Brit. Museum

Tafel 8: Rekonstruktion der Skyllagruppe Sperlonga

Tafel 9 a, b: Skyllagruppe Sperlonga

Tafel 10a: Calenische Schale Berlin

Tafel 10b: Tonmodel Didyma

Tafel 11 a: Rhodischer Becher Berlin

Tafel 11 b: Tonmedaillon Vienne

Tafel 11 c: Kontorniat London.
Courtesy Trustees of
the British Museum

Tafel 12a, b: Kopf des Diomedes aus der Palladionraubgruppe Sperlonga

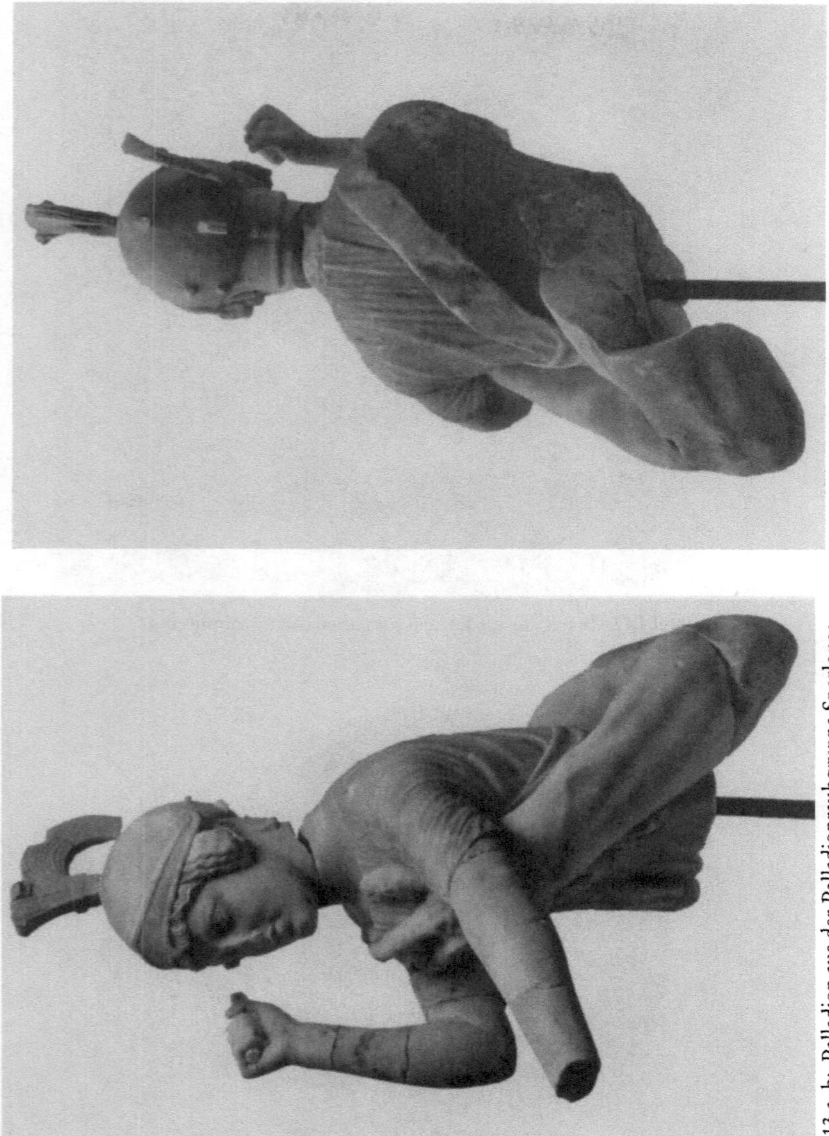

Tafel 13 a, b: Palladion aus der Palladionraubgruppe Sperlonga

Tafel 14a: Beinkiste aus Kleinasien Athen, Nationalmuseum

Tafel 14b: Reliefguttus Neapel, Nationalmuseum

Tafel 15: Odysseus aus der Palladionraubgruppe Sperlonga

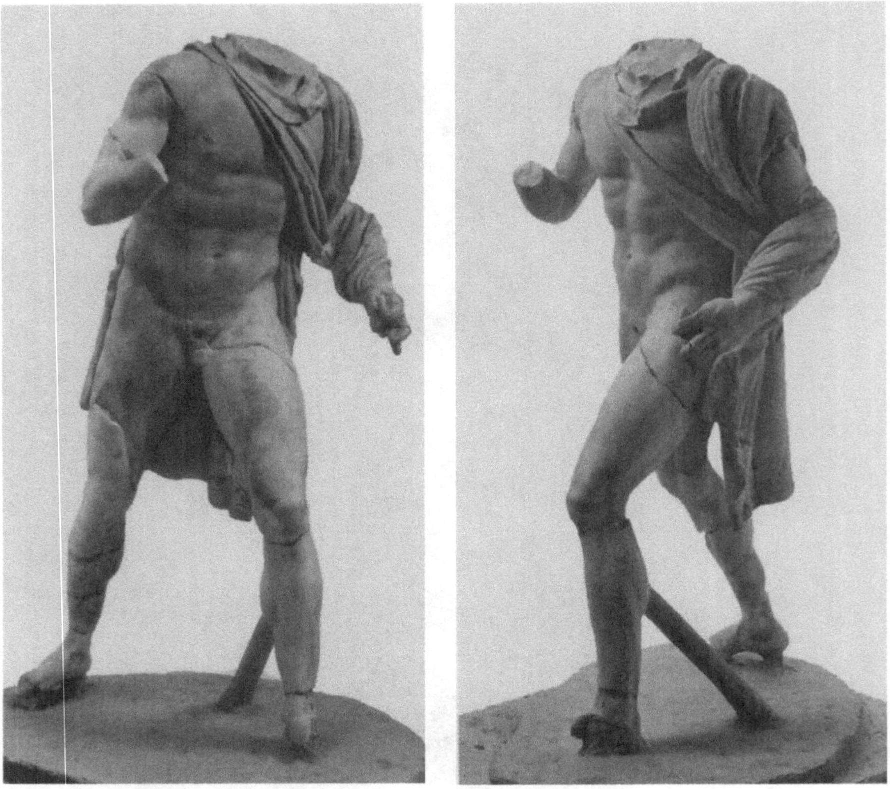

Tafel 16a, b: Odysseus aus der Palladionraubgruppe Sperlonga

Tafel 17a: Figur aus dem Fries des Kraters Medici Florenz

Tafel 17b: Statue Athen, Nationalmuseum

Tafel 18: Aias und Achill, Rekonstruktion Leipzig

Tafel 19: Seitenansicht der Gruppe Taf. 18

Tafel 20: Aias und Achill, nach Abguß in Basel, Skulpturhalle

Tafel 21: Rückseite der Gruppe Taf. 20

Tafel 22a: Aias und Achill. Statuettenreplik, Privatbesitz

Tafel 22b: Aias und Achill. Detail von Bronzebeschlag, Rom, Konservatorenpalast

a) Berlin

b) Berlin

c) Berlin

d) Würzburg

e) Berlin

f) London

Tafel 23: Gemmen mit Helfergruppen. 23f Courtesy Trustees of the British Museum

Tafel 24: Achill und Penthesilea. Rekonstruktion Basel

Tafel 25: Achill und Penthesilea. Rekonstruktion Basel

Tafel 26: Apulischer Volutenkrater Basel

Tafel 27a: Pyxisdeckel Basel

Tafel 27b: Tonsiegel aus Karthago

Tafel 28: Kentaurenkopf Rom, Konservatorenpalast

Tafel 29: Kopf des Polyphem Boston, Museum of Fine Arts

Tafel 30: Linkes Profil des Kopfes Taf. 28

Tafel 31: Linkes Profil des Kopfes Taf. 29

Tafel 32: Rechtes Profil des Kopfes Taf. 28

Tafel 33: Kopf des Odysseus aus der Polyphemgruppe Sperlonga (vergl. Taf. 6)

Tafel 34: Laokoongruppe Vatikan

Tafel 35 a)–b): Laokoongemme Brit. Museum, Original und Abdruck. Courtesy Trustees of the British Museum

c) Genf

d) Berlin

e) Berlin

f) aus Spina

Tafel 35 c)–f): Etruskische Gemmen

Tafel 36: Odysseus aus dem Schiffsfund von Antikythera, Athen

Tafel 37: Odysseus aus dem Schiffsfund von Antikythera, Athen

Tafel 38: Ganymed aus der Villa von Sperlonga

Tafel 39: Ganymed aus einer Villa an der Via Latina, Vatikan. Museum

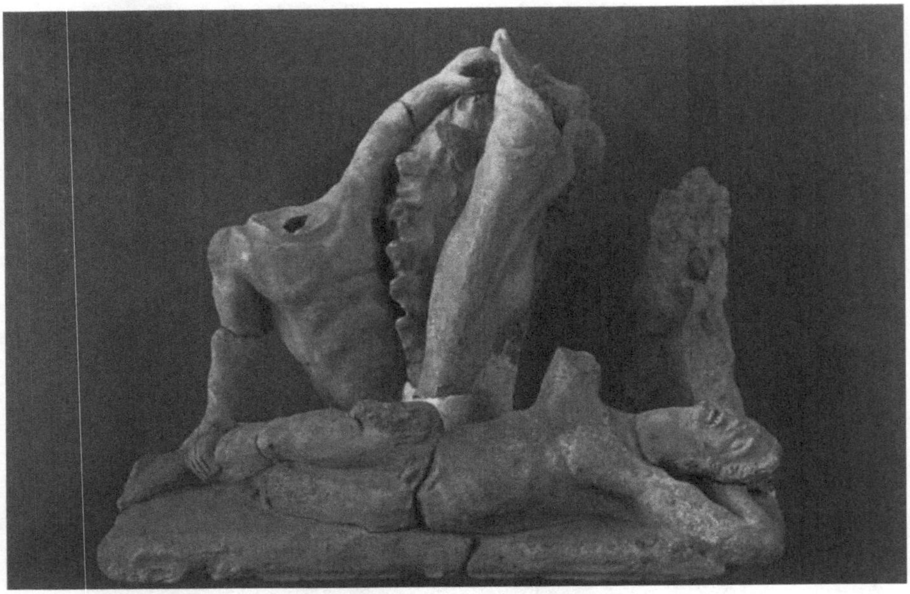

Tafel 40 a: Polyphem, Terrakottagruppe aus Tortoreto, Chieti

Tafel 40 b: Polyphem, Terrakottafigur aus Colle Cesarano

Zusatz nach Abschluß der Korrektur

Unmittelbar vor dem Ausdruck der vorliegenden Abhandlung kann ich noch auf den Katalog der Ausstellung ‚Ulisse, il mito e la memoria' in Rom, Pal. delle Esposizioni 1996 hinweisen, der – vor allem Dank der unermüdlichen Tätigkeit von B. Andreae – unser Thema um neue Denkmäler, aber auch um neue Beobachtungen und Meinungen bereichert. Ich greife nur einige wichtige Punkte heraus, und zwar in der Reihenfolge, in der sie im Katalog aufgeführt sind.

a. O. S. 33 Nr. 1.10; 67; 349; 351: Ausgehend vom Innenbild der bekannten Wiener Schale des Duris, in dem Odysseus die Waffen des Achill an Neoptolemos übergibt, nimmt Andreae eine sonst nicht bekannte Version des Waffenstreitmythos an. Demnach verlangt Odysseus die Waffen Achills von Anfang an nicht für sich, sondern um sie Neoptolemos auszuhändigen, ohne den Troja laut Weissagung nicht erobert werden kann. Eine solche Version würde den ganzen Streit allerdings überflüssig machen, da sich Aias unter dieser Voraussetzung der Weitergabe an den Erben ja nicht hätte widersetzen können. Deshalb ist von diesem Motiv in der ganzen reichen Überlieferung bis zu dem langen Plädoyer des Odysseus in Ovids Metamorphosen XIII 280–85 nie die Rede. Den tatsächlichen Hintergrund gibt vielmehr bereits die älteste Quelle Od. 11, 543–63 an, wo Achills Mutter Thetis die Waffen für den aussetzt, der das größte Verdienst um die Rettung des Leichnams hatte. Schon bei der Begegnung mit Aias in der Nekyia hätte sich Odysseus auf seine edle Absicht berufen können, tatsächlich verwünscht er nur seinen Sieg, der solches Unheil mit sich brachte. – Im Gegensatz zu seiner früheren Auffassung charakterisiert Andreae die Rede des Odysseus bei Ovid jetzt als vanesio discorso und ironico pezzo di bravura. Trotzdem nimmt er an, daß antike Leser an dieser Stelle die Weissagung des Helenos über den Untergang Trojas herausgehört hätten.

a. O. S. 69f.352 entwickelt Andreae zur Palladionraubgruppe eine historische Hypothese, die stark an seine Interpretation des Laokoon erinnert und ähnlich zu bewerten ist. Ausgangspunkt ist ein Porträt der Pisonenvilla in Herculaneum, das kürzlich von N. de Chaisemartin auf Eumenes II. von Pergamon gedeutet wurde. Der Vorschlag ist interessant, macht jedoch stilistische Schwierigkeiten und kann derzeit jedenfalls nicht bewiesen werden. Andreae ist von der Benennung noch überzeugter als die Autorin selbst und liefert zunächst das von ihr vermißte Diadem nach, das er sich als aufgelegtes Metallband denkt (vergl. Praetorium Speluncae, 1995, 54). Der Kopf ähnelt seiner Meinung nach dem des Diomedes im Palladionraub, mit dem er – ebenso wie das Palladion selbst – ein sonst seltenes Detail gemein hat, nämlich ein Grübchen im Kinn. Das reicht, um die Gruppe dem Meister des scheinbaren Eumenes zuzuschreiben und mit dem Athener Nikeratos zu identifizieren, der einer apokryphen Überlieferung zufolge ein Porträt des Königs verfertigte. Die Palladionraubgruppe ist damit genau datiert, 197–190 v. Chr., und lokalisiert, d. h. wahrscheinlich in Athen geschaffen, aber in Pergamon aufgestellt (vergl. Praetorium Speluncae, 1995, 55f.). Der schwierige Überlieferungsbefund der Gruppe – sie ist bekanntlich eklektisch und paßt stilistisch überhaupt nicht in die Zeit – wird dabei nicht in Betracht gezogen. Das Grübchen hingegen beweist, daß Eumenes in der Gruppe mit Diomedes identifiziert wird. Bei seinem Anblick verstanden die Einwohner Pergamons sofort die politische Botschaft des Werkes: ‚Im mythischen Gewand macht sich der König dank des geretteten Palladion zum Garanten des

Schutzes für die Stadt' (352). In Sperlonga tritt die Gruppe in eine großartige Dreieckskomposition, in der sie zusammen mit Ganymed und der Bergung Achills die Wiedergeburt Trojas in Rom andeutet, zu deren Verwirklichung sich das Schicksal vor allem der Person des Odysseus bediente. Wie die unrühmliche Rolle des Odysseus beim Palladionraub in dieses Konzept passen soll, bleibt hier ebenso unklar wie in der früheren Abhandlung (s. o. 68f.). Die Bergungsgruppe stellt, wie wir S. 13ff. gezeigt haben, Odysseus überhaupt nicht dar.

a. O. 116ff. äußert G. B. Waywell erhebliche Zweifel an der von Andreae postulierten, angeblich 188–168 in Rhodos entstandenen Skyllagruppe. Leider übernimmt er die unrichtige Behauptung Andreaes, ich hätte die Gruppe in Sperlonga für claudisch-neronisch erklärt. Tatsächlich hatte ich Antike Kunst 34, 1991, 144 die Chronologie der Werkstatt von der Datierung der Gruppen in Sperlonga abhängig gemacht, für die ich ein tiberisches Datum durchaus für möglich hielt (s. auch hier S. 55: eine genauere stilistische Datierung scheint mir derzeit noch nicht spruchreif zu sein). Das hypothetische Original der Skylla, in der Abhandlung von 1987 noch als Denkmal mit politischer Botschaft angesprochen, gilt im Katalog jetzt als Kriegerdenkmal für die Gefallenen des Seeräuberkrieges (a. o. 150.287.291.313). Vergl. Skylla und Charybdis a. O. 42.

a. O. 142 wird die calenische Schale mit Skyllaabenteuer in Berlin (hier Taf. 10a) gegen alle Evidenz und die wohl begründete communis opinio statt ins mittlere 3. Jh. in die erste Hälfte des 2. Jhs. datiert. Gründe sind nicht angegeben. Offenbar soll ein Zusammenhang mit der hypothetischen Bronzegruppe nahegelegt werden.

a. O. 154 wird behauptet, die Kontorniaten stellten plastische Gruppen wie den Laokoon und die Dirkegruppe dar, deshalb sei auch für die Skylla eine solche anzunehmen. Dies Argument verkehrt sich ins Gegenteil: Die Laokoonszene der Kontorniaten hat mit der plastischen Gruppe offensichtlich nichts zu tun, sondern gehört nach der typologisch übereinstimmenden Wiedergabe im Vergilius Vaticanus in eine malerische Überlieferung.

a. O. 180 soll eine etruskische Urne des mittleren 2. Jahrhunderts v. Chr. eine plastische Gruppe der Weinreichung wiedergeben. Gleichzeitige Urnen stellen andere Szenen des Zyklus (Blendung, Sirenen, Kirke, Freier) offensichtlich nach flächigen Vorlagen dar. Worauf die Sonderstellung der Urne mit Weinreichung beruhen soll, wird nicht erörtert.

a. O. 188ff.: Ein neugefundenes, qualitätvolles Mosaikemblem mit Skyllagruppe aus Gubbio ordnet die aus der hellenistischen Kleinkunst bekannten Elemente bereits ähnlich an wie in der Gruppe von Sperlonga und beweist damit – wie wir bereits oben S. 33.41 vermuteten –, daß auch diese Komposition schon in der Flächenkunst zuhause war (Besonderheiten der Darstellung ergeben sich aus der Tondoform des Emblems). Fragweise um 100 v. Chr. datiert.

a. O. 200ff. und 210ff. veröffentlichen G. Alvino und M. R. Sanzi DiMino die Polyphemgruppen von Colle Cesarano und Tortoreto (hier S. 35). Die Datierungen in die zweite Hälfte des 1. Jahrhunderts v. Chr. erscheinen zu spät. Auf jeden Fall sind die Terrakottafiguren lange vor Sperlonga entstanden und zeigen somit, daß Polyphemgruppen in Villen in der frühen Kaiserzeit längst geläufig waren.

a. O. 285f. betont B. Conticello, daß er die Ganymedbasis in Sperlonga entdeckt und identifiziert hat (s. o. 54 Anm. 29).

a. O. 304f. wird – leider ohne Kommentar – die Rekonstruktion des Odysseus auf dem Schiff der Skylla vorgestellt. Wie wir oben (S. 30) vermuteten, ließ sich das Motiv des Speerwurfs bei der Anordnung des Schiffs an der Flanke der Skylla tatsächlich nicht mehr sinnvoll verwenden. Nach der Rekonstruktion war der rechte Arm nur halbhoch erhoben, die Hand mit gespreizten Fingern geöffnet. Ob damit noch an den Speerwurf erinnert werden soll, wie Andreae meint (s. hier S. 70), scheint mir zweifelhaft, da sich der Arm parallel zur Längenerstreckung des Schiffs bewegt. Daß er zum Steuerruder greift, wie Andreae vorschlägt, ist völlig ausgeschlossen, weil dieses sich weit unter Odysseus befindet und in eine andere Richtung weist, während sein Körper weiter in der Haltung eines hochgereckten Lanzenkämpfers wiedergegeben ist. Sein Gestus macht keinen unmittelbaren Sinn, was auf sekundäre Variation des ursprünglichen Speerwerfers deutet.

Abbildungsnachweis

Textabbildung 1: nach R. Neudecker, Die Skulpturenausstattung römischer Villen in Italien
2: wie Taf. 8
Tafel 1: nach Antike Plastik XIV (im folgenden abgekürzt AP XIV)
2: Archäologisches Institut der Ruhruniversität Bochum. Aufnahme I. Berndt
3: AP XIV
4a, b: Bildarchiv Foto Marburg
5: DAI Rom
6a, b: AP XIV
7a: Akad. Kunstmuseum Bonn. Aufnahme W. Klein
7b: AP XIV
8: nach Andreae-Conticello, Skylla und Charybdis
9a, b: wie Taf. 8
10a: Antikensammlung Staatliche Museen Berlin, Preußischer Kulturbesitz
10b: Deutsches Archäologisches Institut Berlin. Repro W. Schiele. Inst. Neg. Didyma DI 72–0201
11a: wie Taf. 10a. Aufnahme J. Tietz-Glagow
11b: wie Taf. 8
11c: wie Taf. 8
12–13: AP XIV
14a: DAI Athen. Aufnahme G. Hellner
14b: Museo Nazionale Neapel
15: AP XIV
16a, b: AP XIV
17a: nach H. Froning, Marmor-Schmuckreliefs mit griechischen Mythen im 1. Jh. v. Chr
17b: DAI Athen
18–19: Antikenmuseum Leipzig
20–21: Skulpturhalle Basel. Aufnahme H. Stieger
22a: Aufnahme D. Widmer
22b: DAI Rom
23a–c, e: wie Taf. 10a Aufnahmen W. Klein, I. Luckert und J. Laurentius
23d: Archäologisches Institut Würzburg. 23f: Brit. Mus.
24–25: Skulpturhalle Basel. Aufnahmen H. Sommer
26: Antikenmuseum Basel. Aufnahme C. Niggli
27a: wie Taf. 26
27b: DAI Rom
28, 30, 32: Kapitolinische Museen
29, 31, 33; AP XIV
34: Vatikanische Museen
35a, b: nach Andreae, Laokoon und die Gründung Roms
35c, f: nach P. Zazoff, Etruskische Skarabäen
35d, e: nach AGD Berlin
36: DAI Athen
37: nach Svoronos, Nationalmuseum Athen
38, 39: DAI Rom
40a: DAI Rom
40b: nach Archeo Nr. 53, Juli 1989

Veröffentlichungen der Nordrhein-Westfälischen Akademie der Wissenschaften

Neuerscheinungen 1983 bis 1996

Vorträge G Heft Nr.		GEISTESWISSENSCHAFTEN
266	*Gerhard Kegel, Köln*	Haftung für Zufügung seelischer Schmerzen
		Jahresfeier am 11. Mai 1983
267	*Hans Rothe, Bonn*	Religion und Kultur in den Regionen des russischen Reiches im 18. Jahrhundert
268	*Paul Mikat, Düsseldorf*	Doppelbesetzung oder Ehrentitulatur – Zur Stellung des westgotisch-arianischen Episkopates nach der Konversion von 587/89
269	*Andreas Kraus, München*	Die *Acta Pacis Westphalicae*
270	*Gerhard Ebeling, Zürich*	Lehre und Leben in Luthers Theologie
271	*Theodor Schieder, Köln*	Über den Beinamen „der Große" – Reflexionen über historische Größe
272	*J. Nicolas Coldstream, London*	The Formation of the Greek Polis: Aristotle and Archaeology
273	*Walter Hinck, Köln*	Das Gedicht als Spiegel der Dichter. Zur Geschichte des deutschen poetologischen Gedichts
274	*Erich Meuthen, Köln*	Das Basler Konzil als Forschungsproblem der europäischen Geschichte
275	*Hansjakob Seiler, Köln*	Sprache und Gegenstand
276	*Gustav Adolf Lehmann, Köln*	Die mykenisch-frühgriechische Welt und der östliche Mittelmeerraum in der Zeit der „Seevölker"-Invasionen um 1200 v. Chr.
277	*Andreas Hillgruber, Köln*	Der Zusammenbruch im Osten 1944/45 als Problem der deutschen Nationalgeschichte und der europäischen Geschichte
278	*Niklas Luhmann, Bielefeld*	Kann die moderne Gesellschaft sich auf ökologische Gefährdungen einstellen?
		Jahresfeier am 15. Mai 1985
279	*Joseph Ratzinger, Rom*	Politik und Erlösung. Zum Verhältnis von Glaube, Rationalität und Irrationalem in der sogenannten Theologie der Befreiung
280	*Hermann Hambloch, Münster*	Der Mensch als Störfaktor im Geosystem
281	*Reinhold Merkelbach, Köln*	Mani und sein Religionssystem
282	*Walter Mettmann, Münster*	Die volkssprachliche apologetische Literatur auf der Iberischen Halbinsel im Mittelalter
283	*Hans-Joachim Klimkeit, Bonn*	Die Begegnung von Christentum, Gnosis und Buddhismus an der Seidenstraße
284	*2. Akademie-Forum*	Technik und Ethik
	Wolfgang Kluxen, Bonn	Ethik für die technische Welt: Probleme und Perspektiven
	Rudolf Schulten, Aachen/Jülich	Maßstäbe aus der Natur für technisches Handeln
285	*Hermann Lübbe, Zürich*	Die Wissenschaften und ihre kulturellen Folgen. Über die Zukunft des *common sense*
286	*Andreas Hillgruber, Köln*	Alliierte Pläne für eine „Neutralisierung" Deutschlands 1945–1955
287	*Otto Pöggeler, Bochum*	Preußische Kulturpolitik im Spiegel von Hegels Ästhetik
288	*Bernhard Großfeld, Münster*	Einige Grundfragen des Internationalen Unternehmensrechts
289	*Reinhold Merkelbach, Köln*	Nikaia in der römischen Kaiserzeit
290	*Werner Besch, Bonn*	Die Entstehung der deutschen Schriftsprache
291	*Heinz Gollwitzer, Münster*	Internationale des Schwertes. Transnationale Beziehungen im Zeitalter der „vaterländischen" Streitkräfte
292	*Bernhard Kötting, Münster*	Die Bewertung der Wiederverheiratung (der zweiten Ehe) in der Antike und in der Frühen Kirche
293	*5. Akademie-Forum*	Technik und Industrie in Kunst und Literatur
	Volker Neuhaus, Köln	Vorwurf Industrie
	Klaus Wolfgang Niemöller, Köln	Industrie, Technik und Elektronik in ihrer Bedeutung für die Musik des 20. Jahrhunderts
	Hans Schadewaldt, Düsseldorf	Technik und Heilkunst
294	*Paul Mikat, Düsseldorf*	Die Polygamiefrage in der frühen Neuzeit
295	*Georg Kauffmann, Münster*	Die Macht des Bildes – Über die Ursachen der Bilderflut in der modernen Welt
		Jahresfeier am 27. Mai 1987

296	*Herbert Wiedemann, Köln*	Organverantwortung und Gesellschafterklagen in der Aktiengesellschaft
297	*Rainer Lengeler, Bonn*	Shakespeares Sonette in deutscher Übersetzung: Stefan George und Paul Celan
298	*Heinz Hürten, Eichstätt*	Der Kapp-Putsch als Wende. Über Rahmenbedingungen der Weimarer Republik seit dem Frühjahr 1920
299	*Dietrich Gerhardt, Hamburg*	Die Zeit und das Wertproblem, dargestellt an den Übertragungen V. A. Žukovskijs
300	*Bernhard Großfeld, Münster*	Unsere Sprache: Die Sicht des Juristen
301	*Otto Pöggeler, Bochum*	Philosophie und Nationalsozialismus – am Beispiel Heideggers
		Jahresfeier am 31. Mai 1989
302	*Friedrich Ohly, Münster*	Metaphern für die Sündenstufen und die Gegenwirkungen der Gnade
303	*Harald Weinrich, München*	Kleine Literaturgeschichte der Heiterkeit
304	*Albrecht Dihle, Heidelberg*	Philosophie als Lebenskunst
305	*Rüdiger Schott, Münster*	Afrikanische Erzählungen als religionsethnologische Quellen, dargestellt am Beispiel von Erzählungen der Bulsa in Nordghana
306	*Hans Rothe, Bonn*	Anton Tschechov oder Die Entartung der Kunst
307	*Arthur Th. Hatto, London*	Eine allgemeine Theorie der Heldenepik
308	*Rudolf Morsey, Speyer*	Die Deutschlandpolitik Adenauers. Alte Thesen und neue Fakten
309	*Joachim Bumke, Köln*	Geschichte der mittelalterlichen Literatur als Aufgabe
310	*Werner Sundermann, Berlin*	Der Sermon von der der Seele. Ein Literaturwerk des östlichen Manichäismus
311	*Bruno Schüller, Münster*	Überlegungen zum ‚Gewissen‘
312	*Karl Dietrich Bracher, Bonn*	Betrachtungen zum Problem der Macht
313	*Klaus Stern, Köln*	Die Wiederherstellung der deutschen Einheit – Retrospektive und Perspektive
		Jahresfeier am 28. Mai 1991
314	*Rainer Lengeler, Bonn*	Shakespeares *Much Ado About Nothing* als Komödie
315	*Jean-Marie Valentin, Paris*	Französischer „Roman comique“ und deutscher Schelmenroman
316	*Nikolaus Himmelmann, Bonn*	Archäologische Forschungen im Akademischen Kunstmuseum der Universität Bonn: Die griechisch-ägyptischen Beziehungen
317	*Walther Heissig, Bonn*	Oralität und Schriftlichkeit mongolischer Spielmanns-Dichtung
318	*Anthony R. Birley, Düsseldorf*	Locus virtutibus patefactus? Zum Beförderungssystem in der Hohen Kaiserzeit
319	*Günther Jakobs, Bonn*	Das Schuldprinzip
320	*Gherardo Gnoli, Rom*	Iran als religiöser Begriff im Mazdaismus
321	*Claus Vogel, Bonn*	Mīramīrāsutas Asālatiprakāśa – Ein synonymisches Wörterbuch des Sanskrit aus der Mitte des 17. Jahrhunderts
322	*Klaus Hildebrand, Bonn*	Die britische Europapolitik zwischen imperialem Mandat und innerer Reform 1856–1876
323	*Paul Mikat, Düsseldorf*	Die Inzestverbote des Dritten Konzils von Orléans (538). Ein Beitrag zur Geschichte des Fränkischen Eherechts
324	*Hans Joachim Hirsch, Köln*	Die Frage der Straffähigkeit von Personenverbänden
325	*Bernhard Großfeld, Münster*	Europäisches Wirtschaftsrecht und Europäische Integration
326	*Nikolaus Himmelmann, Bonn*	Antike zwischen Kommerz und Wissenschaft
		Jahresfeier am 8. Mai 1993
327	*Slavomír Wollman, Prag*	Die Literaturen in der österreichischen Monarchie im 19. Jahrhundert in ihrer Sonderentwicklung
328	*Rainer Lengeler, Bonn*	Literaturgeschichte in Nöten. Überlegungen zur Geschichte der englischen Literatur des 20. Jahrhunderts
329	*Annemarie Schimmel, Bonn*	Das Thema des Weges und der Reise im Islam
330	*Martin Honecker, Bonn*	Die Barmer Theologische Erklärung und ihre Wirkungsgeschichte
331	*Siegmar von Schnurbein, Frankfurt/Main*	Vom Einfluß Roms auf die Germanen
332	*Otto Pöggeler, Bochum*	Ein Ende der Geschichte? Von Hegel zu Fukuyama
333	*Niklas Luhmann, Bielefeld*	Die Realität der Massenmedien
334	*Josef Isensee, Bonn*	Das Volk als Grund der Verfassung
335	*Paul Mikat, Düsseldorf*	Die Judengesetzgebung der fränkisch-merowingischen Konzilien
336	*Bernhard Großfeld, Münster*	Bildhaftes Rechtsdenken. Recht als bejahte Ordnung
337	*Herbert Schambeck, Linz*	Das österreichische Regierungssystem. Ein Verfassungsvergleich
338	*Hans-Joachim Klimkeit, Bonn*	Manichäische Kunst an der Seidenstraße
339	*Ernst Dassmann, Bonn*	Frühchristliche Prophetenexegese
340	*Nikolaus Himmelmann, Bonn*	Sperlonga. Die homerischen Gruppen und ihre Bildquellen

ABHANDLUNGEN

Band Nr.		
72	*(Sammelband)*	Studien zur Ethnogenese
	Wilhelm E. Mühlmann	Ethnogonie und Ethnogonese
	Walther Heissig	Ethnische Gruppenbildung in Zentralasien im Licht mündlicher und schriftlicher Überlieferung
	Karl J. Narr	Kulturelle Vereinheitlichung und sprachliche Zersplitterung: Ein Beispiel aus dem Südwesten der Vereinigten Staaten
	Harald von Petrikovits	Fragen der Ethnogenese aus der Sicht der römischen Archäologie
	Jürgen Untermann	Ursprache und historische Realität. Der Beitrag der Indogermanistik zu Fragen der Ethnogenese
	Ernst Risch	Die Ausbildung des Griechischen im 2. Jahrtausend v. Chr.
	Werner Conze	Ethnogenese und Nationsbildung – Ostmitteleuropa als Beispiel
73	*Nikolaus Himmelmann, Bonn*	Ideale Nacktheit
74	*Alf Önnerfors, Köln*	Willem Jordaens, *Conflictus virtutum et viciorum.* Mit Einleitung und Kommentar
75	*Herbert Lepper, Aachen*	Die Einheit der Wissenschaften: Der gescheiterte Versuch der Gründung einer „Rheinisch-Westfälischen Akademie der Wissenschaften“ in den Jahren 1907 bis 1910
76	*Werner H. Hauss, Münster* *Robert W. Wissler, Chicago* *Jörg Grünwald, Münster*	Fourth Münster International Arteriosclerosis Symposium: Recent Advances in Arteriosclerosis Research
77	*Elmar Edel, Bonn*	Die ägyptisch-hethitische Korrespondenz (2 Bände)
78	*(Sammelband)*	Studien zur Ethnogenese, Band 2
	Rüdiger Schott	Die Ethnogenese von Völkern in Afrika
	Siegfried Herrmann	Israels Frühgeschichte im Spannungsfeld neuer Hypothesen
	Jaroslav Šašel	Der Ostalpenbereich zwischen 550 und 650 n. Chr.
	András Róna-Tas	Ethnogenese und Staatsgründung. Die türkische Komponente bei der Ethnogenese des Ungartums
	Register zu den Bänden 1 (Abh 72) und 2 (Abh 78)	
79	*Hans-Joachim Klimkeit, Bonn*	Hymnen und Gebete der Religion des Lichts. Iranische und türkische Texte der Manichäer Zentralasiens
80	*Friedrich Scholz, Münster*	Die Literaturen des Baltikums. Ihre Entstehung und Entwicklung
81	*Walter Mettmann, Münster (Hrsg.)*	Alfonso de Valladolid, *Ofrenda de Zelos* und *Libro de la Ley*
82	*Werner H. Hauss, Münster* *Robert W. Wissler, Chicago* *H.-J. Bauch, Münster*	Fifth Münster International Arteriosclerosis Symposium: Modern Aspects of the Pathogenesis of Arteriosclerosis
83	*Karin Metzler, Frank Simon, Bochum*	Ariana et Athanasiana. Studien zur Überlieferung und zu philologischen Problemen der Werke des Athanasius von Alexandrien.
84	*Siegfried Reiter / Rudolf Kassel, Köln*	Friedrich August Wolf. Ein Leben in Briefen. Ergänzungsband, I: Die Texte; II: Die Erläuterungen
85	*Walther Heissig, Bonn*	Heldenmärchen versus Heldenepos? Strukturelle Fragen zur Entwicklung altaischer Heldenmärchen
86	*Hans Rothe, Bonn*	*Die Schlucht.* Ivan Gontscharov und der „Realismus“ nach Turgenev und vor Dostojevski (1849–1869)
87	*Werner H. Hauss, Münster* *Robert W. Wissler; Chicago* *H.-J. Bauch, Münster*	Sixth Münster International Arteriosclerosis Symposium: New Aspects of Metabolismn and Behaviour of Mesenchymal Cells during the Pathogenesis of Arteriosclerosis
88	*Peter Zieme, Berlin*	Religion und Gesellschaft im Uigurischen Königreich von Qočo
89	*Karl H. Menges, Wien*	Drei Schamanengesänge der Ewenki-Tungusen Nord-Sibiriens
90	*Christel Butterweck, Halle*	Athanasius von Alexandrien: Bibliographie
91	*T. Čertorickaja, Moskau*	Vorläufiger Katalog Kirchenslavischer Homilien des beweglichen Jahreszyklus
92	*Walter Mettmann, Münster (Hrsg.)*	Alfonso de Valladolid, *Mostrador de Justicia*
93	*Werner H. Hauss, Münster* *Robert W. Wissler, Chicago* *Hans-Joachim Bauch, Münster (Eds.)*	Seventh Münster International Arteriosclerosis Symposium: New Pathogenic Aspects of Arteriosclerosis Emphasizing Transplantation Atheroarteritis
94	*Helga Giersiepen, Bonn* *Raymund Kottje, Bonn (Hrsg.)*	Inschriften bis 1300. Probleme und Aufgaben ihrer Erforschung
95	*Walther Heissig, Bonn (Hrsg.)*	Formen und Funktion mündlicher Tradition

SPRINGER NATURE

GPSR Compliance

The European Union's (EU) General Product Safety Regulation (GPSR) is a set of rules that requires consumer products to be safe and our obligations to ensure this.

If you have any concerns about our products, you can contact us on ProductSafety@springernature.com

In case Publisher is established outside the EU, the EU authorized representative is:

Springer Nature Customer Service Center GmbH
Europaplatz 3
69115 Heidelberg, Germany

FSC
www.fsc.org
MIX
Papier | Fördert
gute Waldnutzung
FSC® C083411

Kolibri 360 GmbH
Ferdinand-Jühlke-Straße 7
99095 Erfurt, Deutschland
produktsicherheit@kolibri360.de